PHYSIOLOGIE DE LA TERRE.

Bourges, Imprimerie de Veuve MÉNAGE, rue Paradis, 16.

PHYSIOLOGIE

DE LA TERRE,

ÉTUDES GÉOLOGIQUES ET AGRICOLES,

PAR

M. LE Mis DE TRAVANET,

AGRICULTEUR PRATIQUE,

CHEVALIER DE LA LÉGION D'HONNEUR, MEMBRE DU CONSEIL GÉNÉRAL DU
CHER, EX-PRÉSIDENT DU COMICE AGRICOLE DE BOURGES.

Oursine, le temps vinra.
(Devise du duc Jean de Berry.)

A BOURGES,
{ Chez **M. Just Bernard**, libraire, rue du
Grand-Saint-Cristophe;
Au Bureau de la Revue du Centre, chez
Mme Ménagé, rue Paradis, 16.

A PARIS,
{ Chez Mme Bouchard-Huzard, libraire, rue de l'Eperon, 7.

ET CHEZ TOUS LES LIBRAIRES DE FRANCE.

1844.

AUX

Anciens Élèves de l'école militaire spéciale de cavalerie de Saint-Germain-en-Laye.

————◦————

MES CHERS CAMARADES,

Dans les dernières années de l'empire deux ou trois cents jeunes gens formés tous ensemble au rude apprentissage de la guerre dans le vieux château de St-Germain-en-Laye, s'élançant par bandes de ses donjons gothiques, prirent successivement leur essor vers le Rhin, comme des volées joyeuses d'oiseaux aventureux.

Ces jeunes gens, c'étaient nous.

Combien ont trouvé une mort glorieuse sur la terre étrangère? Combien ont revu leur patrie? Combien vivent encore?

Voilà ce que je me demande sans cesse; voilà ce que je serais heureux de savoir, car dans mon cœur comme dans le vôtre sans doute, les gais souvenirs et les douces sympathies de l'adolescence ont heureusement résisté aux longs orages de la vie.

Parmi vous, mes chers Camarades, quelques-uns ont su se distinguer dans les affaires publiques; d'autres ont mûri sous les armes et, glorieux débris de la grande armée impériale, soutiennent dignement l'éclat de son immortelle renommée; le plus grand nombre, rentré comme moi dans la vie privée, achève paisiblement sans doute dans les douces et honorables occupations de l'agriculture des jours commencés au milieu du tumulte des camps.

Mais tous, j'aime à le croire, tous, quelque soit votre position dans le monde, vous lirez avec intérêt ce livre que je vous dédie. Vous accepterez avec plaisir cet hommage d'un frère d'armes comme une preuve de son bon souvenir, comme un gage de cette inaltérable amitié de jeunesse qui seule résiste à tout dans la vie.

Oui, vous ferez à mon ouvrage un bienveillant accueil, et vous l'aimerez, je l'espère, car le livre d'un ami, c'est un ami.

Plus heureux que moi, le mien ira vous trouver dans vos diverses retraites

et vous porter l'assurance de la vive et
sincère affection qu'a conservée pour
vous tous,

Mes chers Camarades,

Votre tout dévoué frère d'armes,

Mis De Travanet.

PRÉFACE.

Le temps vinra.

Quand il existe déjà tant de bons livres d'agriculture, peut-être était-il téméraire ou tout au moins inutile d'en écrire un nouveau ; mais celui-ci, je le crois du moins, ne ressemble à aucun de ceux de mes habiles et savants devanciers dans cette grande et belle carrière. J'ai tâché de m'y frayer vers le but une route hardie loin des sentiers battus. Ai-je réussi dans cet essai ? Le monde agricole en jugera.

Buffon a dit : L'histoire générale de la terre doit précéder l'histoire particulière de ses productions.

Me conformant à ce sage conseil, j'ai fait précéder mes études agricoles de la rapide analyse d'une nouvelle *Théorie de la terre*.

Cette partie hypothétique de mon ouvrage, ce *Roman historique du monde*, je le livre avec confiance à l'appréciation des hommes éclairés.

A l'histoire de la terre est intimement lié l'art puissant et fécond de sa culture;

Me plaçant à son point de vue le plus élevé, j'ai déroulé sous les yeux de mes lecteurs le magnifique ensemble de cet art; je leur en ai montré toutes les richesses et signalé tous les écueils.

J'ai proclamé hautement sa liberté, et, l'affranchissant des entraves de la règle, j'ai prouvé qu'il était avant tout un art d'inspiration.

Aussi j'ai seulement essayé de poser les principes généraux sur lesquels se base en tous lieux sa pratique, et je me suis abstenu d'entrer dans des détails variables à l'infini, comme la nature des terres et leur position sous le ciel.

Le regardant comme une partie intégrante de mon sujet, j'ai cru devoir aborder l'intéressant problème de la nutrition des végétaux; mais, toujours fidèle à mon plan, je n'ai pas tenté de pénétrer trop avant dans ce dédale de la science où j'aurais craint de m'égarer.

J'ai dit comment les plantes s'organisent et vivent en s'assimilant les principes vivifiques contenus dans l'air, dans la terre et dans l'eau, mais il ne m'appartenait pas de décider quelle est sur leur développement et sur leur vie l'influence relative de l'oxigène, du carbone, de l'hydrogène, de l'azote et de diverses substances inorganiques qui entrent aussi dans leur composition, quand ces grandes et mystérieuses questions divisent encore les plus savants physiciens de l'Europe.

Un jour, sans doute, nous pourrons savoir enfin si le principal rôle dans l'œuvre de la végétation est joué par l'ammoniaque (acide azotique), comme le soutiennent avec tant de puissance nos habiles et célèbres chimistes Boussingault, Dumas et Payen, ou par les alcalis terreux, comme ne craint pas de le proclamer hautement le savant chimiste allemand Liebig, aussi hardi novateur que vigoureux athlète dans cette vaste et brillante arène.

Mais aujourd'hui, ce qu'il y a de mieux à faire dans l'intérêt de l'agriculture, c'est d'essayer de tirer le meilleur parti possible de l'état actuel des connaissances humaines, et tel a été le but de mes efforts.

Aussi cet ouvrage ne s'adresse pas aux agronomes initiés aux profonds mystères de la science.

Je l'ai écrit pour me rendre utile aux simples cultivateurs-pratique, cette nombreuse classe d'hommes si honorables et si bien méritants dans leur vie modeste et laborieuse.

J'ai voulu surtout y donner de bons conseils et de salutaires avis aux jeunes néophytes du culte de Cérès, cette divinité tutélaire des hommes sages.

Il enseignera aux premiers tout ce qui leur est nécessaire de savoir en théorie ; les seconds y trouveront la clé de leur art.

Enfin les gouvernements commencent à se guérir de la folie guerrière, cette atroce manie ; tous les hommes éclairés reconnaissent que la puissance des peuples n'est pas dans l'étendue de leur territoire, mais bien dans sa fertilité, c'est-à-dire dans son agriculture ; j'ai cru devoir me joindre à cet heureux mouvement vers le progrès en essayant de faire comprendre à notre belle patrie qu'il importe plus aux nations de féconder leurs terres acquises que d'en acquérir de nouvelles.

Où donc en serait aujourd'hui la richesse de la terre de France, si tout ce noble sang dont ses valeureux enfants ont si long-temps et si vainement inondé l'Europe entière, eut été versé goutte à goutte sur elle dans leurs fécondes sueurs?

Trop long-temps délaissée, méconnue, dédaignée même, l'agriculture française voit enfin poindre l'aurore de meilleurs jours.

Une éclatante réparation est promise à ses longues souffrances et se prépare lentement dans les esprits.

Cette tardive justice, elle la devra surtout aux habiles écrivains qui, depuis long-temps, la défendent, l'instruisent, la soutiennent et la consolent.

Envieux de prendre part à cette grande mission, je me suis efforcé de prouver que l'agriculture est bien réellement l'art le plus utile, le plus libéral et le plus digne de l'homme.

J'ai convié vivement à ses attrayantes occupations toute cette jeunesse intelligente et zélée qui se presse sur nos pas, désireuse de remplir aussi sa tâche dans la grande œuvre du travail social.

J'ai démontré que, par son incessante action sur l'organisme végétal, elle est le lien puissant mais périssable qui maintient tout au monde dans une admirable harmonie.

Je l'ai proclamée la source - mère de toutes les richesses, de toutes les prospérités et de toutes les satisfactions humaines.

Le succès couronnera-t-il cette œuvre de progrès, d'expérience et de conviction?

J'aime à l'espérer... Mais, du moins je n'en doute pas, tous mes confrères en agriculture applaudiront à mes efforts pour placer à son véritable rang notre utile et noble profession, et s'empresseront d'accepter l'heureux augure de cette devise dont j'ai fait choix pour elle : *Le temps vinra*.

OBSERVATIONS.

Je ne connais rien de plus inutile qu'un errata pour les fautes purement typographiques. Le lecteur n'y fait pas attention ou les reconnait bien assez de lui-même. Je relèverai donc seulement celles qui peuvent nuire au sens.

Ainsi, page 18, ligne 14, le compositeur a écrit *immensurable* au lieu d'*inmensurable*, mot que je me suis permis de substituer au mot impropre en ce passage, *incommensurable ;*

Page 104, ligne 12, *qu'il ne serait amélioré*, au lieu de *qu'il ne se serait amélioré ;*

Page 182, ligne 5, le mot *ammoniac* pour celui d'*ammoniaque ;*

Page 540, ligne 17, *la variété d'alternat des récoltes*, au lieu de *la variété, l'alternat des récoltes.*

du sol au milieu d'épouvantables convulsions
intestines du globe , accompagnées d'explosions volcaniques mêlées aux éclats de la foudre, ils virent les terribles effets d'une lutte
acharnée , longue et douteuse entre les dieux
de l'Olympe et les géants de la terre entas-
sant les montagnes pour escalader le ciel.

Enfin ils attribuèrent ces commotions et
ces clameurs souterraines diminuant graduellement de violence , d'abord aux efforts impuissants et aux rugissements désespérés , ensuite aux tressaillements convulsifs et aux râ-
lements étouffés d'Encelade et de ses frères,
vaincus et ensevelis par Jupiter sous l'Etna et
autres montagnes volcaniques.

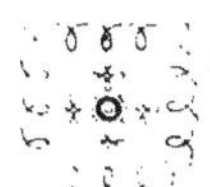

THÉORIE DE LA TERRE.

La *terre* (1), comme les autres planètes, fut un astre brillant, un globe de feu circulant dans l'espace, où l'avait suspendu et mis en mouvement l'être incompréhensible et tout-puissant créateur de l'univers et de ses merveilles.

Seul éternel, sans commencement et sans fin, il a voulu que ce tout qui a commencé dût finir....

Il a mesuré leurs jours.

Aux monstres des abîmes comme au ciron du brin d'herbe, au fétu de paille comme à ces astres immensurables dont le soleil est une simple étincelle....

----

(1) Nous écrirons ainsi le mot *terre*, toutes les fois qu'il signifie le globe terrestre, pour le distinguer du mot terre signifiant l'un des quatre éléments capitaux.

Il les a tous condamnés à périr quand leur temps sera venu ; et, pour lui, les quelques secondes de l'atome et les millions de siècles des soleils du septième ciel, c'est à peu près la même chose.

Dix mille ans, c'est un jour pour qui ne meurt jamais.

A dit un poète.

Pour qui ne doit jamais mourir, dix mille ans ce n'est pas plus un jour, qu'une heure, une minute, une seconde....

Pour l'être éternel il n'est pas de temps, le temps c'est lui.

Et en condamnant toutes ses créatures à une inévitable fin, il a assigné à leur destruction les mêmes phases et les mêmes lois.

Ces phases sont :

1° La mort, par la séparation de la matière et des principes de la vie.... séparation accompagnée de l'agonie ou de violentes crises et de terribles combats entre la vie et la mort ;

2° L'extinction graduelle de la chaleur vitale ;

3° La décomposition aidée par la chaleur et l'humidité de l'air, et la présence des parasites vivant de cette décomposition.

Chaque jour, à chaque instant, peut-être, s'éteint un de ces astres qui brillent au firmament, plus nombreux que les grains de sable de l'océan.

Après avoir parcouru sa brillante carrière pendant une infinité de siècles, la planète de la *terre* vit son éclat diminuer et sa lumière s'éteindre peu à peu quand son jour fut aussi venu.

Puis après avoir successivement passé par toutes ces phases que nous venons de décrire, elle est depuis long-temps arrivée à celle de la désorganisation graduelle. Cette décomposition suit la même marche que celle des autres corps organisés qui, parvenue à un certain degré, rend quelques-unes des parties organiques de ces corps propres à la nourriture des parasites végétaux et animaux c'est-à-dire de la moisissure et des vers.

Les plantes et les animaux sont les parasites nés et vivant de la décomposition de la *terre*.

Les arbres et les plantes en sont les parasites végétaux, *la moisissure*.

L'homme et tous les animaux en sont les parasites animés, les *larves* et les *vers*.

En un mot, l'astre de la *terre* s'est un jour longuement éteint dans de terribles convulsions.

Il s'est refroidi peu à peu et sa décomposition a commencé ; puis Dieu en les formant de matières empruntées aux éléments, à la terre, à l'eau, à l'air et au feu a successivement peuplé sa surface de plantes et d'êtres animés, parasites vivant aux dépens de ces mêmes substances élémentaires dont ils ont été créés.

C'est l'extinction de cet astre.

C'est sa longue et sublime agonie.

C'est enfin l'invasion successive des parasites se précédant et se préparant mutuellement les voies sur sa surface peu à peu refroidie et décomposée, que nous allons essayer de décrire.

Pour de telles scènes il faudrait, nous le savons bien, un plus habile pinceau que le nôtre. Aussi nous bornerons nos efforts et notre tâche à tracer une simple esquisse de ce magnifique tableau ; nous laisserons à une main plus puissante le soin de lui donner un jour la couleur et la vie.

Après avoir dit les grandes luttes des éléments sur l'astre de la *terre* s'éteignant dans une convulsive agonie ; après avoir expliqué comment ces luttes préludèrent à l'existence organique et lui préparèrent les voies, nous indiquerons les époques successives de l'avènement de la vie végétale et animale sur le globe terrestre, et nous expliquerons comment ces parasites ont vécu et vivent encore aux dépens de sa surface en décomposition.

Nous prouverons que leur nombre, leur taille et leurs facultés physiques ont toujours été en décroissant, comme la fertilité de la croûte terrestre dont l'état général devient de

moins en moins propre à l'existence organique, à mesure que se rapproche de nous
l'époque où toute vie doit cesser sur la *terre*,
comme sur tout être organisé parvenu à un
certain degré de désorganisation.

Après avoir dit comment il dépend de
l'homme de retarder ce moment suprême,
nous arriverons ainsi naturellement à l'art
de régénérer et d'entretenir long-temps cette
fertilité du sol, condition nécessaire, indispensable même de l'existence organique toute
entière.

Cet art capital et régénérateur dont tout
dépend et procède ; cet art, source de la vie
et du bonheur de l'homme ; cet art, le premier, le plus noble et le plus utile de tous ;
cet art, c'est le nôtre, c'est l'agriculture.

Première époque

EXTINCTION DE L'ASTRE DE LA TERRE. — LUTTE ENTRE LE FEU ET L'EAU.

La *terre*, ainsi que nous venons de le dire, ainsi que Buffon, Leibnitz et tant d'autres philosophes l'ont pensé, fut jadis un astre lumineux comme les étoiles du ciel.

Cet astre tourbillonnait dans une épaisse atmosphère nuageuse composée d'air et d'eau vaporisée.

Ainsi la terre, l'eau, l'air et le feu, les quatre éléments capitaux, principes de la vie, préexistaient à tout alors réunis dans l'espace, attendant le signal de Dieu pour commencer la grande œuvre de la création de l'existence organique sur le globe terrestre, aussitôt qu'il serait prêt à la recevoir.

Ils préexistaient combinés deux par deux,

la terre avec le feu, l'air avec l'eau. Et dans cette sublime existence d'un corps céleste et primordial, nous découvrons les mêmes combinaisons, les mêmes règles qui régissent encore celle du plus obscur et du plus humble des êtres animés.

L'astre de la *terre* vivait alors comme vit aujourd'hui le ciron ou le brin d'herbe.

D'un côté, le corps et la vie, car la lumière c'est la vie des astres; de l'autre, les aliments indispensables à l'entretien de cette vie.

Sans l'air combiné avec l'eau, dont il se nourrissait, le feu se serait éteint, la *terre* aurait cessé de vivre, et rien n'aurait pu naître ni subsister sur son cadavre glacé.

Cet ordre admirable, cette loi première, immuable et éternelle, règlent et gouvernent tout encore dans l'univers.

La terre, l'eau, l'air et le feu sont toujours indispensables à toute existence, et par leur union et leur action combinée, le phénomène de la vie terrestre et secondaire s'accomplit aujourd'hui comme s'accomplissait alors celui de la vie céleste et primitive , comme s'accomplit encore, sans nul doute, la vie de ces myriades d'astres qui survivent à la *terre*.

Tels sont les principes éternels et l'invariable loi de l'univers ; rien dans la nature ne peut échapper aux conséquences de ces principes , à l'application de cette loi ; ils forment une chaîne puissante et sans fin qui lie et contient tout au monde dans un admirable et parfait équilibre.

Cette chaîne ne pourrait perdre un seul de ses anneaux sans qu'à l'instant même tout se décomposât et prît fin.

Le terme assigné à sa vie et le temps des desseins de Dieu étant arrivés, l'éclat de l'astre de la *terre* s'affaiblit et sa chaleur diminua graduellement ; alors *la lumière commença à se séparer des ténèbres*, comme le dit Moïse, mais elle s'en sépara lentement et peu à peu , ainsi qu'il arrive dans tous les corps incandescents qui s'éteignent. D'abord, l'astre ne jeta plus de rayons au dehors ; il devint semblable à un immense boulet rouge tournant dans l'espace. A cette époque, l'atmosphère nuageuse composée d'eau vaporisée par les rayons de sa lumière, commença à se refroidir assez dans la partie la plus éloignée du foyer pour que l'eau pût se condenser et descendre vers la *terre* en faisant condenser aussi le reste de la vapeur. Toute cette eau tombant par torrents sur la croûte granitique et brûlante du globe, s'y vaporisait de nouveau, et par les mêmes causes y retombait encore et sans cesse. A la longue, ces pluies aidèrent graduellement au refroidissement de la *terre*, et à mesure qu'elle perdait de sa chaleur les pluies devenaient plus fréquentes et plus froides.

Ce fut long-temps entre ces deux éléments à la surface du globe une lutte incessante et terrible, mais dont l'issue ne pouvait être douteuse ; car l'eau puisait toujours dans la rencontre de son adversaire de nouvelles forces contre lui, tandis que le feu sans cesse attaqué perdait, au contraire, chaque jour de sa puissance active dans le contact de son ennemi.

En un mot le feu s'épuisait en vaporisant l'eau froide qui, s'élevant de nouveau alors dans l'atmosphère, s'y recondensait promptement pour revenir encore assaillir son antagoniste sans trève et sans relâche.

Tant que l'eau tomba directement sur le globe incandescent, il se produisit seulement de la vapeur, comme nous venons de l'expliquer ; et, dans ces premiers combats entre l'eau et le feu, la structure de la croûte terrestre fut sans doute peu altérée.

Mais lorsque le feu se fut éloigné peu à peu de la surface de la *terre*, et qu'elle se trouva par conséquent recouverte d'une couche de cendres et de scories plus ou moins épaisses, l'eau en tombant sur ces cendres brûlantes par torrents, comme elle tombait alors, y produisit nécessairement des explosions dont nous pouvons nous donner une idée en versant de l'eau dans les cendres brûlantes de notre foyer. Ces explosions multipliées produisirent des excavations, des inégalités plus ou moins considérables et occasionnèrent les premiers désordres, les premiers mélanges du sol.

Enfin la *terre* perdant de plus en plus sa chaleur, l'eau put séjourner dans ses excavations sans être immédiatement réduite en vapeur. Ce séjour aidant encore au refroidissement de la masse, l'éternelle lutte entre ces deux éléments ennemis devint alors moins directe et moins terrible, et l'eau, préludant à sa mission organisatrice, prit enfin possession de la surface de la *terre* dont s'éloignait le feu, élément désorganisateur, mais qui devait aussi, à l'aide de son influence rendue bienfaisante par la distance, concourir puissamment à la grande œuvre qui se préparait.

L'eau couvrit donc pendant un temps la surface entière du globe, alors *l'esprit de Dieu était porté sur les eaux.* comme le dit la Genèse, attendant que vint le temps de procéder à la création de l'existence organique qu'il devait animer. Enfin les voûtes formées par la croûte terrestre au-dessus du foyer central, s'étant affaissées sur divers points, l'eau se précipita dans ces immenses profondeurs, remplit les abîmes des mers et laissa à découvert une grande partie de la terre (1).

Alors elle fut long-temps sans doute une masse ronde et fumante, percée de mille excavations pleines d'eau et arrosée par des pluies continuelles causées par la vapeur s'échappant sans cesse de ces réservoirs chauffés par les feux intérieurs.

Le soleil, ce *grand corps lumineux* (2) chargé par Dieu, dans la pensée de l'œuvre à laquelle il l'avait destinée, de donner à la *terre* de la lumière et de la chaleur, inondait vainement sa croûte informe et nue de rayons dévorants dont rien ne tempérait l'ardeur.

(1) Dieu dit encore : Que les eaux qui sont sous le ciel se rassemblent en un seul lieu et que *l'élément aride* paraisse, et cela se fit ainsi.

Dieu donna à *l'élément aride* le nom de *terre* et il appela *mers* toutes ces eaux rassemblées (*Genèse*, chap. 1er).

(2) *Genèse*.

Placée entre ces deux foyers, entièrement composée de matières absolument infertiles, de *granit*, de *grès*, de *quartz* et d'*argile* mélangée de *cailloux*, de *cristaux*, de *minéraux* et de *métaux*, produit de l'exsudation ou de la sublimation de toutes ces matières par l'action combinée de l'eau et du feu, la surface de la terre était encore inhabitable.

Deuxième époque

CRÉATION DES VÉGÉTAUX, DES POISSONS ET DES OISEAUX (1). — FORMATION DE LA CHAUX.

La vapeur des eaux chaudes de la *terre* retombant sans cesse en pluie froide dans ces mêmes eaux, les refroidirent promptement,

(1) *Genèse.*

et le feu se retirant toujours vers le centre
elles devinrent assez tièdes pour pouvoir être
habitées.

Alors se forma par la volonté de Dieu le
premier anneau de cette puissante chaîne de
l'organisme sur la terre, chaîne dont les anneaux se tiennent tous par une cohésion intime et mystérieuse, et dont, comme nous
l'avons déjà dit, aucun ne pourrait être brisé
sans que toute vie cessât à l'instant même.

Ces premiers habitants du monde, dont la
forme et l'organisation nous sont inconnues,
avaient une immense mission à remplir dans
les vues paternelles du Créateur, celle de prélu-
der à la fertilité à venir de la croûte terrestre, en créant la matière calcaire, un de ses
principaux agents. Cette matière fut créée sous
la forme de coquillages de toute espèce, par
les genres innombrables d'animaux qui vivent
dans des coquilles et qui ont été doués de
la faculté de produire cette matière par le
mécanisme de la digestion à l'aide de la combinaison de leur matière animale avec les par-

ticules terreuses tenues en dissolution dans les eaux.

C'est sans nul doute à cette époque qu'il faut reporter l'existence de ces énormes mollusques aujourd'hui inconnus dans nos mers, et dont on trouve encore des coquilles aux dimensions colossales, entre autres des cornes d'Ammon de six à huit pieds de diamètre et pesant, pétrifiées, trois à quatre mille kilogrammes. On comprend, en effet, que pour produire cette énorme quantité de matière calcaire aujourd'hui répandue en tous lieux et sous tant de formes sur la terre à la fertilité de laquelle elle est indispensable, il fallût, outre un long espace de temps, de puissants agents de production. En voyant aujourd'hui avec quelle rapidité se reproduisent les bancs calcaires de certains coquillages, des huîtres, par exemple, on peut comprendre quelle fut à cette époque sous l'influence d'une température chaude, dans des eaux tièdes réunissant toutes les conditions nécessaires à la multiplication d'animaux gigantesques la production de cette substance.

Elle fut, comme elle devait l'être, immense et proportionnée au rôle que la chaux était appelée à remplir dans la nature.

Pendant que se formait ainsi mystérieusement au fond des eaux ce principal agent de la fertilité de la terre, Dieu avait peuplé ces mêmes eaux d'une infinie quantité de poissons, d'oiseaux aquatiques et d'animaux divers dont les débris organiques, amoncelés par la mort, formaient aussi de vastes dépôts d'un agent non moins indispensable à cette fertilité, la matière animale décomposée.

En même temps, dans ces mêmes eaux et sur leurs bords croissaient en abondance des plantes et des arbres aquatiques. Ces espèces, sobres, vivant principalement d'eau et des gaz de l'air, sentinelles avancées du règne végétal, dont les innombrables genres devaient successivement couvrir la terre à mesure qu'elle s'assécherait et deviendrait assez fertile pour eux, mêlaient leurs nombreux débris à ceux des animaux au fond de ces eaux où se formaient ainsi tous les éléments d'une puissante et inépuisable fertilité.

Ainsi dans tous ces lacs, dans tous ces étangs et dans toutes ces flaques d'eau dont la surface du globe, à peu près toute entière, était couverte, excepté sur les points élevés, vivaient et végétaient alors, préludant à la fertilité de la terre, les poissons, les reptiles amphibies, les testacés, les oiseaux les arbres et les plantes aquatiques. Tant que l'eau restait dans ces fonds, ces divers genres d'êtres accomplissant le cours de leur existence, rendaient successivement leurs débris au sol ; mais quand la terre s'asséchant, ces lacs ou ces étangs venaient à tarir alors par la décomposition de tous ces innombrables animaux mélangés aux débris végétaux et calcaires, se formait une profonde couche d'engrais énergiques, à laquelle venait quelquefois se joindre encore le sel déposé par les eaux de la mer. Tous les principes les plus puissants de fertilité s'y trouvaient donc réunis : engrais animaux et végétaux, amendements calcaires et salins ; et voilà pourquoi les plaines sont plus fertiles que les terrains élevés ou en pente : c'est qu'elles ont été autrefois les derniers lacs où se sont accomplis , comme nous venons de l'expliquer, ces mélanges féconds de débris de toute nature.

Ainsi se développait lentement sur la terre par la volonté et la sagesse de Dieu la grande œuvre de l'existence organique.

D'un côté, dans le sol, la silice, l'alumine et autres matières terreuses, récipient nécessaire mais infertile par lui-même ; de l'autre, dans les eaux, l'aliment indispensable d'une autre vie organique, les substances animales et végétales décomposées et la matière calcaire qui, en aidant à leur transformation, devait les rendre propres à cette alimentation.

Le mélange de toutes ces matières , du sable et de l'argile avec les débris animaux, végétaux et calcaires déposés dans les eaux, formera la première terre fertile, la première terre végétale où naîtra la première végétation terrestre.

Troisième époque.

LES VOLCANS.

Enfin ces innombrables et vastes dépôts de substances fertiles sont formés au fond des eaux et peuvent suffire à leur immense mission, il ne faut plus, pour commencer l'œuvre créatrice de la fertilité terrestre, qu'une force assez puissante pour les mélanger aux matières stériles qu'ils doivent féconder.

Cette force ne se fera pas attendre.

Déjà plus d'une fois convulsivement agité dans ses entrailles, le globe a tressailli en poussant de longs et sourds mugissements.

C'est le feu qui, en se retirant toujours vers le centre de la terre, a laissé de larges fissures dans lesquelles l'eau pénètre et s'engouffre. En arrivant dans les abîmes où brûle le foyer central, cette eau se vaporise, augmente de volume, et pour se faire jour, soulève et brise avec fracas la croûte terrestre qui s'oppose en vain à sa force irrésistible.

Les premiers volcans ont tonné sur la terre.

Les premières irruptions volcaniques ont eu lieu, et le mélange bienfaisant a commencé.

Les eaux superposées au terrain ainsi soulevé et brisé, ont été lancées ou répandues au loin sur la terre avec toutes les matières et tous les animaux qu'elles contenaient ; et par mille irruptions successives et instantanées, ces matières animales mêlées au sable et à l'argile, s'y sont décomposées promptement par l'action de la chaux, et ce mélange ayant formé, à l'aide de la chaleur et de l'humidité, la terre propre à la vie de tous les parasites végétaux, les arbres et les plantes ont pris à leur tour possession de la terre.

Quatrième époque.

LES VÉGÉTAUX.

Qui pourrait dire quelle fut alors la force et la puissance productive du sol ? Jusqu'où la hardiesse de la pensée pourrait-elle élever ces colosses de la végétation développant leurs racines dans une terre attiédie, toujours humide et riche, et poussant leurs larges cimes jusqu'aux nuages chargés d'électricité et d'acide carbonique incessamment exhalés par les nombreux volcans qui continuent l'œuvre créatrice de la fertilité sur la terre.

A ces débris animaux, à ces matières calcaires mélangées au sol par les volcans, viennent se joindre, pour achever l'œuvre de la fécondité terrestre, les immenses dépouilles annuelles du règne végétal. Chaque année, les arbres, par leurs feuilles et leurs branches mortes, les plantes, par leurs tiges et leurs fanes, rendent en partie à la terre les principes vitaux qu'ils ont empruntés aux gaz de l'air.

A l'aide de tous ces éléments réunis d'une inépuisable puissance de production, la terre se trouvant en état de recevoir et de nourrir le règne animal, Dieu la peupla d'une innombrable quantité de quadrupèdes, d'oiseaux et de reptiles en donnant à chacun d'eux son but à atteindre et sa mission à remplir, dans la pensée de l'avènement de l'homme.

La plupart de ces espèces d'animaux devaient être gigantesques, du moins relativement à leur état actuel.

Et si la dégénération d'un grand nombre de races actuellement existantes est pour nous hypothétique, elle est prouvée pour beaucoup d'autres par la découverte d'ossements fossiles ayant appartenu à des individus gigantesques de ces races.

On a trouvé dans les marais Pontins, près

Rome, une tête pétrifiée de bœuf, dont le front, entre les deux cornes, est large de deux pieds trois pouces, c'est-à-dire trois fois plus que celle des plus grands individus de l'espèce dans son état actuel. Il y a au cabinet du Jardin des Plantes, une corne d'un autre bœuf ayant six pieds de long.

Les plus grosses dents des hippopotames contemporains pèsent neuf à dix onces ; celles entièrement identiques des anciens hippopotames qu'on trouve fréquemment au Canada, en Sibérie et ailleurs, pèsent deux livres et jusqu'à deux livres et demie. Ainsi, en supposant, ce qui nous paraît d'ailleurs juste et rationnel, une proportion toujours égale entre la grosseur de l'animal et celle de ses dents, on trouve pour les anciens hippopotames une taille quatre ou cinq fois supérieure à celle de la race actuelle.

Mais qu'est-ce même que cette énorme grosseur de ces anciens animaux aujourd'hui dégénérés, auprès de celle de cette race démesurément colossale depuis long-temps éteinte et disparue de la terre, qui sans doute n'avait déjà plus alors assez de chaleur et de nourriture pour elle ?

Cet animal, dont les zoologistes, et à leur tête l'illustre Cuvier, ont recomposé la figure en réunissant ses ossements épars, et auquel ils ont donné le nom de mammouth, était d'une grandeur et d'une grosseur à laquelle se refuse à croire notre imagination, habituée aujourd'hui aux mesquines productions d'une nature épuisée.

Il existe au cabinet du Jardin des Plantes, une dent molaire d'un de ces animaux, devant laquelle on reste confondu ; car l'esprit recule dès l'abord devant les conséquences mathématiques de cette preuve matérielle.

Cette dent pèse onze livres quatre onces !

En admettant, ce qui ne peut être raisonnablement combattu, que les dents de ce quadrupède, d'une espèce approchant de celle de l'hippopotame, étaient dans le même rapport de grosseur avec le corps de l'animal que celle de cette dernière espèce, il en résulterait que si les anciens hippopotames, dont les dents pèsent deux livres et demie, étaient quatre fois plus gros que les individus actuels de leur race, le mammouth, auquel appartenait cette dent pesant onze livres quatre onces, était quatre fois plus gros que les anciens hippopotames, et seize fois plus gros que les hippopotames actuels. Quelle hauteur avaient donc les arbres des forêts où s'abritait ce géant de la terre, l'herbe des prairies dont il faisait sa pâture?

Je le répète, on reste muet et confondu devant ce simple morceau d'ivoire irrécusable témoignagne d'une existence organique, que cependant l'imagination ne peut admettre sans s'égarer dans les espaces infinis de désespérantes hypothèses....

En présence de cette dent prodigieuse, de cette tête de bœuf des marais Pontins, et de tant d'autres ossements d'une grandeur demésurée, n'est-il pas permis de penser qu'à l'époque où vivaient les animaux auxquels ils ont appartenu, toutes les productions de la terre étaient aussi supérieures en force et en grandeur à leurs analogues d'aujourd'hui, que ces races gigantesques à celles de même espèce aujourd'hui existantes sur le globe?

Nous croyons donc pouvoir, en nous appuyant sur l'existence démontrée de ce mammouth et de tant d'autres animaux géants, avancer et soutenir qu'à l'époque du monde où nous sommes arrivés et même bien postérieurement à la création de l'homme, tous les animaux et tous les produits du sol, surpassaient beaucoup en grandeur ceux d'aujourd'hui.

Cette assertion nous semble une conséquence forcée de l'inexorable loi de la dégénération graduelle de tout ce qui existe dans la nature, loi dont les éléments eux-mêmes subissent le tyrannique empire.

Dans les premiers âges du monde, les principes de la vie sur la terre étant plus abondants, plus énergiques et plus puissants, ont dû produire et entretenir des êtres plus grands, plus forts et plus durables. A mesure

que les éléments ont perdu de leur force,
de leur énergie et de leur puissance vitale,
tous les êtres qui en procédaient ont dégénéré
dans la même proportion. La terre moins fertile et l'air moins saturé de principes vitaux,
ont produit des végétaux moins grands et
moins nourrissants, qui, par conséquent,
fournissant eux-mêmes au règne animal une
nourriture moins copieuse et moins succu-
lente, ont dû nécessairement amener aussi sa
dégénérescence graduelle ; car, ainsi que nous
l'avons dit, tout se tient et s'enchaîne dans
la vie organique, ou plutôt l'organisme n'est
qu'un sur la terre, et à mesure que la puissance vitale s'affaiblit dans les éléments vivifiques, tout baisse et dégénère dans la nature
vivante.

En vain on voudrait opposer à ce raisonnement l'état à peu près stationnaire de l'espèce humaine depuis les deux ou trois derniers mille ans, à travers lesquels nos regards
affaiblis peuvent encore aller mesurer assez
douteusement la taille et la force des anciens

hommes. D'abord, nous soutenons que tout semble annoncer que dans ces temps reculés l'espèce humaine était plus grande, plus forte et plus robuste qu'elle ne l'est aujourd'hui ; mais quand même cette assertion serait contestée, nous répondrions qu'est-ce que deux ou trois mille ans pour le monde, et en quoi un si petit espace de temps peut-il influer sur les principes vitaux des éléments et par conséquent sur les êtres vivants qui en procèdent ?

Nous savons bien que la chronologie des Hébreux fait dater d'après les calculs les plus généralement admis, la création du monde de 4004 ans seulement avant Jésus-Christ, et que par conséquent le monde n'aurait que 5847 ans d'existence. Mais ces calculs se basent sur des hypothèses fort hasardées, que viennent combattre avec une force irrésistible non seulement certains faits physiques et matériels, mais encore la chronologie de beaucoup de peuples dont l'existence elle-même, remontant dans la nuit la plus reculée des siècles, vient attester ou du moins corroborer la vérité de leurs calculs.

En présence de toutes ces chronologies si différentes, il est assez difficile de se former une opinion bien arrêtée ; et qu'on le remarque bien surtout, les livres hébreux ne s'expliquent pas clairement à cet égard, et les savants, nous le répétons, les ont interprétés d'une manière très-contestable. En effet, la longueur de leur unité du temps n'est pas fixée d'une manière précise, on ne peut savoir au juste ce qu'ils entendent par une année ; il est donc impossible d'admettre une aussi courte période pour l'existence du monde, quand tout semble prouver au contraire son immensurable antiquité, et parmi tant de preuves la plus puissante est, nous le pensons du moins, celle de la dégénération lente mais graduelle de l'organisme sur la terre, irréfragablement démontrée par les restes gigantesques dont nous venons de parler, restes appartenant à des espèces d'animaux existant encore de nos jours, mais avec des proportions bien inférieures. Beaucoup d'autres preuves viennent encore, il nous le semble, appuyer victorieusement cette opinion.

On voit encore sur la terre des arbres ayant une hauteur et des dimensions immenses. Ces géants séculaires semblent être restés pour attester ce que furent leurs analogues dans les premiers temps du monde.

Dans les espèces tombées aujourd'hui à l'état d'arbrisseau, les noisetiers, les aubépines, les buis, les figuiers, les vignes et autres, ne voit-on pas de temps en temps quelques individus remonter au rang des arbres comme pour protester contre leur faiblesse et leur avilissement actuels?

L'homme lui-même, ne fut-il pas à l'époque de sa création, bien au-dessus, par sa taille et par sa force, des hommes d'aujourd'hui?

La mention par les livres saints des hommes géants existant avant le déluge et détruits par Dieu, les traditions fabuleuses des Cyclopes et des Titans, les grandes races subsistant encore sur la terre, ces hommes aux proportions gigantesques apparaissant de loin en loin dans les races ordinaires comme une réminiscence ou un témoignage de ce que fut l'homme primitif; tout nous porte à croire que l'espèce humaine a dégénéré comme toutes les autres espèces d'animaux vivant sur la terre. Elles obéissent toutes en cela à cette immuable loi que subit la nature entière dont la force créatrice, s'épuisant de siècle en siècle, donne des productions de plus en plus inférieures à celles qui les ont précédées.

Nous pourrions nous lancer dans le vaste champ des conjectures ouvert à notre imagination, mais ces recherches nous entraîneraient trop loin ; et d'ailleurs elles ne rentrent pas absolument dans notre sujet. Ce n'est pas un traité d'histoire naturelle que nous écrivons, c'est une introduction à l'art de l'agriculture, par l'étude des principes et des causes de la fertilité de la terre, fertilité dont l'entretien et l'augmentation sont la mission et la nécessité de cet art.

Ainsi, aux engrais végétaux, aux amendements minéraux et salins existant dans le sol, au carbone, à l'azote que versent sans relâche dans la nature les volcans, la foudre et la décomposition des végétaux, viennent se joindre en abondance les engrais animaux, produits de l'immense moisson que fait journellement la mort dans ces myriades d'êtres de toute espèce, qui, jonchant le sol de leurs débris organiques, rendent à la terre par leur détritus terreux, à l'air par l'exhalaison de divers miasmes, les principes de la vie matériels et fluides qu'ils leur avaient empruntés.

Aussi, qui pourrait dire quels miracles opéraient alors la fécondité de la terre dans toute la force et la puissance de sa jeunesse, excitée par la réunion de toutes les circonstances les plus favorables, la chaleur du soleil, l'humidité de la terre, l'abondance dans le sol de toutes les matières fertilisantes, la saturation complète de l'air par tous les gaz dont s'entretiennent la végétation et la vie?

La terre était fertile, peuplée d'animaux, d'arbres et de plantes de toutes espèces ; mais elle n'était pas encore entièrement prête pour l'avènement de l'homme.

La grande lutte existait toujours entre le feu et l'eau ; le feu se retirant sans cesse vers le centre du globe, et l'eau l'y suivant pas à pas.

Le feu était parvenu trop profondément alors dans les entrailles de la terre, pour recevoir par les fentes ou fissures du sol l'air nécessaire à son entretien.... Les volcans ne pouvant plus soulever comme une soupape ou briser par leur explosions la croûte terrestre, s'étaient ouvert de grands soupiraux ou plutôt d'immenses cheminées, par lesquelles ils aspiraient l'air et rejetaient leurs vapeurs : leur nombre avait diminué, mais leur force s'étaient accrue en proportion.

Ils ont creusé les vallées et formé les collines, ils vont élever les montagnes ; ils ont aidé à créer la fertilité de la terre, ils vont former les pierres à bâtir, le marbre, les ardoises, les bitumes, les minerais et les houilles, car la venue de l'humanité s'approche, et l'homme aura aussi besoin de toutes ces matières pour assurer son séjour et sa puissance sur la terre....

Si la formation des montagnes et des couches diverses dont elle sont composées fut ainsi retardée dans l'œuvre de la création, c'est que les volcans ne pouvaient produire toutes ces matières avant que la terre fut couverte de forêts et d'animaux, car des parties animales et végétales devaient nécessairement entrer dans leur composition, aider puissamment à leur formation et fertiliser les terrains élevés où n'avaient pu s'accomplir les mélanges féconds opérés dans les eaux ainsi que nous l'avons expliqué.

Les grands volcans ayant leur base dans les profondeurs de la terre, s'étaient forcément ouvert une vaste cheminée ou cratère à sa surface pour se mettre en communication avec l'air et exhaler leurs vapeurs. C'est de ces cratères, bouches des abîmes souterrains, où bouillonne et s'élabore l'immense amalgamme, que vont sortir les montagnes et toutes les matières inorganiques de première nécessité pour l'homme.

La formation des montages calcaires, c'est-à-dire composées de pierres à chaux de différentes espèces, dont la masse est divisée en couches superposées plus ou moins épaisses, habituellement horizontales, mais quelquefois inclinées et même entièrement verticales, a été jusqu'à présent le phénomène de la nature le plus difficile à expliquer ; car les poissons, les coquilles et autres débris animaux et végétaux, contenus en grande quantité dans ces pierres calcaires, prouvent évidemment l'action ou le concours de l'eau dans leur formation. Ce fait incontestable admis et reconnu, la première pensée qui se présente à l'esprit de l'observateur, c'est que les eaux de la mer ont couvert le sommet des montagnes où elles ont déposé ces poissons et ces coquillages.

Buffon et presque tous les naturalistes, ainsi qu'on l'a déjà vu, ont admis cette hypothèse. Plusieurs, et Buffon lui-même, ont fait plus ; ils ont attribué au séjour de ces eaux la formation des montagnes par le dépôt en couches de leur sédiment calcaire.

Nous pensons avoir déjà démontré que ni l'un ni l'autre de ces systèmes n'est sérieusement admissible.

Si les eaux avaient couvert les plus hautes montagnes, elles auraient couvert également toutes la terre, et alors ces couches de sédiment, ces coquillages et ces poissons pétrifiés ou moulés dans les pierres se trouveraient partout, tandis que, bien au contraire, on n'en trouve aucune trace dans des contrées voisines de ces montagnes dont le niveau est de beaucoup inférieur à celui de leur sommet.

Pour que les couches calcaires superposées et très-inégales en épaisseur eussent pu être formées par les eaux de la mer, il faudrait que les irruptions et la retraite de ces eaux se fussent succédées autant de fois qu'il y a de couches, et que chaque fois l'eau eût séjourné un espace de temps proportionné à l'épaisseur de chacune d'elles ; mais au contraire l'inspection attentive de ces masses calcaires, prouve que leurs couches se sont formées successivement et même à des intervalles assez éloignés ; car on trouve toujours entre elles de legers interstices remplis de détritus terreux, qui semblent annoncer un commencement de décomposition de la surface de la couche exposée à l'air. Or, nous le demandons, comment croire à autant d'invasions et de séjours de la mer qu'il y a de fissures dans la masse, c'est-à-dire quelquefois plusieurs milliers, comme dans les ardoises, les schistes, les calcaires jurrassiques et autres ?

Ainsi, lors même que l'inviolable loi du niveau de l'eau ne viendrait pas saper ces systèmes dans leur base, il serait impossible que ces couches de pierres se fussent formées sous les eaux par le dépôt de leurs sédiments.

D'autres ont attribué la formation des
hautes montagnes à des soulèvements volcaniques. Ce système n'est pas mieux fondé
que les autres. Si les montagnes formaient
des angles très-obtus, étaient très-plates à
leur sommet, si les terrains qu'elles domi-
nent étaient composés des mêmes couches,
on pourrait comprendre cette formation par
soulèvement; mais comme elles affectent toutes la forme d'un cône plus ou moins irré-
gulier, à angles souvent très-aigus et dont le
sommet se termine par des pics plus ou moins
pointus, et comme les couches des terrains
inférieurs ne sont pas identiques avec les
leurs, comment expliquer ce soulèvement?
D'ailleurs, dans ce cas, l'inclinaison des couches dont se compose la masse de ces pierres calcaires devrait être absolument la même
que celle des flancs de la montagne; et malheureusement pour ce système, il n'en est
pas ainsi. Ces couches sont ordinairement horizontales: lorsqu'elles sont inclinées, elles ne
le sont jamais parallèlement aux angles de la

montagne : d'ailleurs, ce système se rattache toujours à celui de la formation des couches calcaires par les eaux de la mer. En effet, pour que ces couches aient pu être soulevées, il aurait fallu qu'elles existassent sur la croûte terrestre, et nous croyons avoir prouvé que leur formation successive par les eaux n'est pas admissible.

Il est donc évident que ces couches se sont formées en même temps que les montagnes, ou plutôt ont servi à les former par leur exhaussement successif, et c'est ce mécanisme de leur formation que nous allons expliquer.

Beaucoup d'auteurs qui ont écrit sur ce sujet ont pensé que les volcans étaient en communication avec la mer, et que leurs éruptions étaient dues au contact de ses eaux avec leur masse de feu. En reconnaissant ce fait, ils étaient sur la trace de la vérité ; comment ne l'ont-ils pas suivie jusqu'au bout ?

A l'époque où nous sommes arrivés, le niveau des eaux ayant baissé sur la terre par leur infiltration dans la masse du globe à mesure que le feu se retirait plus avant vers le centre, l'Océan était dans son lit actuel; les fleuves et les rivières plus considérables coulaient vers lui dans les vallées; les lacs et les étangs, beaucoup plus nombreux que de nos jours, complétaient l'hydrostatique de la terre.

Le reste du sol était couvert d'une végétation plus ou moins luxuriante, suivant son état de fertilité; de vastes forêts peuplées d'arbres gigantesques, des prairies où l'herbe égalait en hauteur les taillis de nos jours, bordaient ces fleuves, ces lacs et ces étangs, dont les eaux nourrissaient d'innombrables poissons, et sur les rives desquels vivait un grand nombre de reptiles et d'amphibies de toute espèce.

La mer nourissait aussi des myriades de familles d'animaux divers, depuis les plus grands cétacés jusqu'aux plus infimes mollusques. Soumise aux immuables lois du flux et du reflux, elle se ruait chaque fois qu'elle

montait à une certaine hauteur dans les abîmes de feu des volcans où elle entraînait avec
elle une immense quantité de poissons, de
coquillages, de plantes, et même des arbres
et des cadavres d'animaux que les fleuves,
dans leurs débordements, lui charriaient
sans relâche.

Si ses eaux eussent été pures et sans mélange de matières animales, végétales et minérales, elles se seraient évaporées en épaisses fumées par la bouche des volcans béante
à la surface de la terre. Mais comme elles
étaient chargées et saturées de matières grasses, huileuses et mucilagineuses, alors s'opérait dans cette immense cornue le même
phénomène qui s'opère dans un vase bouillant
devant notre foyer : l'eau pure y bout simplement, l'eau chargée de mucilages s'élève vivement et coule uniformément et continuellement par les bords du vase, entraînant avec
elle une mousse épaisse et les parties hétérogènes cause de ce débordement. La même
opération suivie du même résultat, avait lieu

dans le vaste laboratoire de la nature. Quand l'eau chargée de ces diverses substances arrivait dans l'abîme de feu, elle se gonflait et remontait aussitôt avec force vers la bouche du volcan, entraînant avec elle les matières calcaires, l'argile, les poissons, les coquilles, les corps des animaux et même les arbres; et les épanchant également, uniformément de chaque côté du cratère, elle en formait des couches unies, parallèles, horizontales ou légèrement inclinées. Dès que l'eau était retirée, le phénomène d'ascension et d'épanchement cessait, le limon déposé commençait à sécher, et sa croûte supérieure s'effeuillait peu à peu par l'action de l'air, du soleil et des pluies; puis, quand arrivait une autre marée assez considérable pour envahir de nouveau le volcan, une nouvelle couche se formait sur la première, et elles se sont ainsi successivement élevées, variant en épaisseur suivant la force et la longueur des éruptions. C'est par cette même cause que le sommet des montagnes est moins large que leur base. L'eau diminuant de volume et trouvant une plus grande résistance d'ascension à vaincre à mesure que la montagne s'élevait, l'épanchement allait toujours en diminuant de force et de durée, et par conséquent formait des couches moins étendues et moins épaisses.

Qu'on se figure un puits artésien, ouvert au niveau du sol et rejetant périodiquement des matières boueuses qui, en s'épanchant de chaque côté de son orifice, y forment chaque fois une couche, laquelle élève successivement le sol en forme de mamelon autour de cet orifice. A mesure que le mamelon s'exhausse, l'eau du puits monte aussi et forme de nouvelles couches graduellement moins épaisses et moins étendues, parce que la force ascensionnelle de l'eau diminue en proportion directe de l'exhaussement du mamelon; et l'on aura une idée nette et précise de notre système de la formation des montagnes et des collines par les volcans, suivant leur grandeur et leur force.

Ainsi de cette manière et suivant la substance

prédominant dans l'amalgame se formaient
les couches horizontales ou inclinées des carrières de marbre, de pierres calcaires de
toute nature, d'ardoise et autres matières
nécessaires à l'homme.

Nous pouvons aussi très-bien expliquer, à
l'aide de ce système, la formation de ces couches inclinées et même verticales qui se
trouvent quelquefois au milieu des couches
horizontales, opérant entre elles une solution
de continuité. Par le système de la formation
sous l'eau, cette explication est impossible...
dans le nôtre, au contraire, rien de plus simple et de plus facile. Quand après une ou
plusieurs éruptions successives, il se passait
un long temps sans éruption nouvelle, la dessication faisait fendre la masse plus ou moins
profondément, et ces fentes s'ouvraient toujours dans le sens vertical par l'immuable loi
de la pesanteur. Ces fentes ouvertes, quand
la matière liquide coulait de nouveau, elle y
tombait et les remplissait inévitablement à

mesure qu'elles les rencontrait. Voilà la première couche verticale formée ; l'éruption ayant cessé et la dessication de la masse continuant toujours , la fente s'élargissait encore à côté de la première couche verticale et la première éruption la remplissait de nouveau ; et ainsi de suite , tant qu'il se formait des fentes par la dessication , ce qui explique pourquoi ces couches verticales sont toujours peu nombreuses et très-irrégulières.

Nous croyons avoir expliqué d'une manière satisfaisante la formation des montagnes par couches et la présence dans ces couches de coquilles , de poissons , de bois pétrifiés et d'os d'animaux entraînés par l'eau dans l'abîme des volcans et vomis avec elle, mélangés aux matières calcaires ou argileuses dont sont formées ces couches.

Si l'on voulait objecter à ce système l'état de perturbation dans lequel se trouvent ces couches dans beaucoup de hautes montagnes où elles sont séparées par de vastes fentes formant des précipices où coulent les torrents, ou bien confusément brisées, mélangées et entassées, et même dans les montagnes moins élevées et jusque dans les collines où ces mêmes dislocations existent dans les couches, quoique bien moins prononcées, nous répondrions sans nous effrayer de cette objection.

Ces montagnes, après leur formation par couches, ont éprouvé, par l'effet des tremblements de terre, des bouleversements d'où sont provenus ces déchirements, ces accidents bizarres et ces mélanges confus qui nous frappent d'étonnement ou nous remplissent d'admiration, bouleversements dont l'existence ne peut être mise en doute et dont nous avons malheureusement de nos jours des exemples effrayants, quoique bien moindres en violence et moins terribles dans leurs résultats.

C'est encore par l'action réunie de l'eau et du feu des volcans, que se sont formés ces vastes dépôts de houille, d'antracithe, de lignite et autres substances combustibles d'une

avec le feu souterrain, et dans lesquelles l'eau, chargée de matières combustibles, s'engouffrant aussi, entraînait et entassait ces matières comme dans la bouche du volcan ; seulement la combustion était moins parfaite et la proportion de matières terreuses s'y trouvait plus grande que dans le cratère. Voilà pourquoi le charbon de ces couches supérieures et inclinées est presque toujours moins pur et moins combustible que celui des masses. Par ce système s'explique aussi parfaitement la présence dans les gissements des houillères, de corps étrangers de différente nature, et même d'arbres, de plantes et de fruits appartenant à un autre monde. Ces corps étrangers, ces fruits, ces arbres et ces plantes ont été apportés des rivages lointains par les vents et les courants de la mer et entraînés par les eaux dans les abîmes des volcans, où elles ont entassé toutes ces matières converties en houille, ainsi que nous venons de l'expliquer.

Les bitumes, les asphaltes, se sont formés de la même manière. Ils sont le produit de l'huile empyreumatique et autres substances grasses ou bitumineuses, chassées par la force du feu de ces masses de bois entassés se convertissant en charbon par une combustion étouffée et lente.

Voilà, en quelques pages, notre théorie de la terre. Nous aurions pu, laissant un libre cours à notre imagination enthousiasmée, écrire un volume tout entier sur ce système du monde; nous aurions pu, en nous appuyant de nouvelles preuves, donner de vastes développements à ce sujet si intéressant et si attachant pour les hommes qui aiment à pénétrer les secrets de la nature, à connaître la cause des choses; mais nous avons craint de nous laisser entraîner trop loin dans cette brillante et poétique carrière; nous avons voulu, comme nous l'avions promis, crayonner seulement une grande et large esquisse d'un magnifique tableau. Vienne maintenant un peintre digne d'un si beau sujet, l'immortalité l'attend sur la toile que nous lui avons préparée.

Nous n'avons pas la prétention, nous devons le dire hautement, d'avoir entièrement levé le voile qui recouvre le mystère de la création du monde de toute l'épaisseur d'une nuit de mille siècles ; mais nous avons pensé que l'examen attentif de la constitution et de la contexture de la croûte terrestre prouve jusqu'à l'évidence, que la partie de cette croûte, dite primitive, a subi la seule action du feu et n'a jamais été envahie par les eaux de la mer ; que dès-lors il était impossible d'admettre la formation sous l'eau, par des dépôts marins successifs, de l'autre partie de cette croûte qu'on nomme secondaire ; mais qu'au contraire tout semblait annoncer et prouver qu'elle avait été formée à l'aide de l'action combinée de l'eau et du feu par d'innombrables volcans qui, variant en grandeur et vomissant comme autant de puits artésiens, par le mécanisme ci-dessus expliqué, des matières terreuses et calcaires mélangées de coquilles et de débris animaux et végétaux, ont formé tous ces dépôts, soit en couches superposées, soit confus, mélangés et désordonnés, dont la formation paraît inexpliquée et même inexplicable à l'observateur attentif.

Avec notre système, au contraire, tout peut s'expliquer, même les faits les plus extraordinaires ; car on conçoit que dans ces immenses bouleversements du sol, successivement occasionnés par les explosions et les éjections volcaniques, les mêmes matières ont pu être plusieurs fois remuées et mélangées. Une explosion a pu avoir lieu après une éruption de matières, et une éruption après une explosion ; voilà pourquoi on trouve quelquefois des dépôts irréguliers et mêlés superposés à des couches régulières, et des couches régulières superposées à des dépôts confus de matières hétérogènes.

Par ce système s'explique aussi la différence existant dans la composition de ces différents dépôts, dont les uns sont remplis de poissons et de coquillages marins moulés et pétrifiés, et de débris d'animaux et de plantes, tandis que les autres ne contiennent pas la moindre parcelle de corps organiques. Les uns ont été produits par les volcans, alors qu'aucun être organisé n'existait encore sur la terre ; les autres après la création des végétaux et des animaux, dont les débris ont été entraînés dans les gouffres volcaniques et rejetés par eux, comme nous l'avons dit ci-dessus.

Pendant ces longues et terribles convulsions, de plusieurs milliers d'années peut-être, on comprend que la croûte du globe, en proie à la fureur des éléments, percée comme un crible de mille et mille cratères vomissant tantôt du feu, des laves, des minéraux, des pierres et des cendres, tantôt des matières boueuses mélangées d'argile, de calcaire et de débris organiques, a dû être violemment et profondément remuée et qu'alors toutes ces matières ont été, sur bien des points, plus d'une fois bouleversées et mélangées entre elles de la manière la plus confuse. Enfin, nous le répétons, tout peut s'expliquer, même les accidents terrestres les plus bizarres, par cette grande et terrible lutte entre le feu et l'eau, dont le sol que nous foulons aux pieds fut si long-temps le théâtre.

Magnifique et sublime spectacle de l'agonie d'un corps céleste et primitif, désorganisé par ses propres éléments dans le but d'une organisation terrestre et secondaire.

Toujours les mêmes lois, les mêmes règles et les mêmes phases pour tous les êtres dans l'univers.

La désorganisation de la terre s'effectue par l'action combinée de l'eau et du feu, comme celle de tous les autres corps organisés s'opérera par l'union de la chaleur et de l'humidité.

Cette désorganisation des corps ordinaires les rendra propres à l'existence de la vie parasite, comme celle de la terre l'a préparée, pour la vie des végétaux et des animaux parasites terrestres.

C'est l'action des forces opposées et rivales

de ces deux puissants éléments, l'eau et le
feu, vers ce but commun, la préparation de
la terre à la naissance et au séjour des végétaux, des animaux et de l'homme, que nous
avons essayé de peindre rapidement ; nous
avons pu nous tromper dans les détails et
dans les explications que nous avons donnés,
ainsi que dans les conséquences que nous
avons tirées de certains faits hypothétiques ;
mais nous ne pensons pas qu'il soit possible
de renverser la base sur laquelle repose
notre système, c'est-à-dire cette assertion,
que toutes les matières utiles à l'homme,
les pierres calcaires, les marbres, les ardoises, les houilles, les bitumes, ainsi que les
montagnes qui lui servent d'abri et la fertilité de la terre qui le nourrit, ont été créés
par l'action combinée de l'eau et du feu,
éléments ennemis dont la main toute-puissante de Dieu a su faire servir l'éternelle
antipathie au bien-être et au bonheur du
genre humain sur la terre.

Si l'eau et le feu ont préparé les voies à

l'humanité, s'ils ont élaboré conjointement pour elle toutes les matières nécessaires à son séjour sur la terre et disposé le sol à subvenir à ses besoins, ce sont encore eux qui entretiennent cette indispensable fertilité ; c'est à eux que tout ce qui vit ou végète est redevable de l'existence. Sans le feu et l'eau, rien ne serait né sur la terre ; sans la chaleur et l'humidité, rien ne pourrait y subsister, et le jour où l'un de ces éléments fera défaut au monde, tout cessera d'être à l'instant même.

Les peuples anciens semblent avoir compris ou soupçonné ces grands principes de la création et de l'existence organique sur la terre.

Reconnaissant, comme l'ont fait depuis tous les hommes dans tous les temps et dans tous les lieux, un Être suprême, principe et créateur de l'univers, mais ne pouvant le comprendre assez grand dans leurs étroites idées religieuses pour tout rapporter à sa puissance unique, ils avaient déifié au-

dessous de lui ce qui leur paraissait grand,
utile ou redoutable.

De cet Être suprême, adoré par eux sous
le nom de Saturne et de Cybèle ou la *terre*,
ils avaient fait provenir Jupiter, Neptune et
Pluton. Par la création de ce fraternel et puissant triumthéat né de la *terre*, ils avaient voulu
reconnaître et proclamer l'indispensable nécessité de l'union des quatre principaux éléments du monde, la terre, l'air, le feu et
l'eau, tous procédant de Dieu.

Jupiter, le plus grand et le plus puissant
des trois, Jupiter, ce maître du monde, qui
embrasse, remplit et vivifie tout dans l'univers, qui a droit de vie et de mort sur toute
la nature, c'était la déification de l'air, le
plus important et le plus puissant des éléments, du moins en apparence, puisque sans
lui rien ne peut exister.

Pluton et Neptune, ses deux frères, par-
tageant avec lui l'empire du monde, ayant
chacun leur règne spécial dans la nature,
mais soumis cependant à son autorité, ce sont

l'eau et le feu, après l'air, les plus grands et les plus indispensables éléments de l'existence organique sur terre.

Cette prééminence de l'air est seulement comme nous venons de le démontrer fondée sur des apparences ; car tous les éléments sont également indispensables à la vie organique, et même à leur propre existence. Non seulement rien ne pourrait vivre sur la terre sans la présence de l'air, de l'eau et du feu, mais l'air lui-même ne pourrait exister sans l'eau et le feu, pas plus que l'eau et le feu ne pourrait exister sans l'air.

De cette nécessité, si universellement reconnue, de l'union dans des proportions variables de ces trois éléments pour l'entretien de la vie terrestre, découle nécessairement cette conséquence dont nous aurons occasion de faire l'application plus tard dans cet ouvrage, que, pour entretenir et augmenter le développement de la vie organique, il faut aider à cette union, la régler selon les besoins et même la varier dans ses propor-

tions relatives, suivant la nature des êtres ;
car si à tous ces êtres il faut de la chaleur,
de l'air et de l'eau, a tel d'entre eux il faut
plus d'air, à tel autre plus d'eau, à tel autre enfin plus de chaleur.

Connaître ces besoins différents et les satisfaire à propos, c'est encore un des grands
secrets de l'art de l'agriculture , une des
plus indispensables conditions pour le pratiquer avec succès.

Après avoir préparé les voies à l'homme en
répandant sur la terre toutes les matières
nécessaires à son existence , beaucoup de
volcans s'éteignirent ; car le feu pénétrant
toujours vers le centre de la terre et les
cratères s'élevant vers la circonférence, ainsi
que nous venons de l'expliquer, les éruptions
n'eurent plus assez de force pour faire mon-
ter l'eau et les autres matières à une si grande
hauteur.

L'immense brasier exista toujours et
existe encore dans les entrailles du globe ;
les grands volcans, qui seuls persistèrent

long-temps, et ceux qui existent encore, étaient et sont les soupiraux indispensables par lesquels ce feu central rejette ses vapeurs ; et, comme à cause de son grand éloignement de la surface de la terre, il se trouve bien plus rarement en contact avec une masse d'eau considérable, les éruptions sont devenues bien moins fréquentes, et quand elles ont lieu leurs effets se bornent à des pluies de cendres ou de matières sèches, que la force de la vapeur seule projette à des hauteurs diverses.

Les tremblements de terre, dont nous avons eu depuis quelques années de si terribles exemples sont encore causés par la lutte moins souvent apparente mais toujours acharnée entre le feu et l'eau. Quand la vapeur de l'eau en ébulition dans ces immenses chaudières souterraines, est trop comprimée et qu'elle ne trouve pas une issue suffisante, alors elle ébranle et brise la terre, et si on ne la voit pas sortir par les fissures du sol, c'est parce que les eaux supérieures en s'engouffrant dans

ces mêmes fissures, la condensent aussitôt
et la font retomber en eau avec elle dans
les abîmes d'où elle vient.

Cinquième époque.

CRÉATION DE L'HOMME.

La surface du globe n'étant plus sans
cesse déchirée, bouleversée par les feux souterrains; les eaux rentrées dans leur lit naturel n'en sortant plus à chaque instant
pour ajouter leurs ravages à ceux des volcans;
la chaleur ayant diminué, la pluie et les orages étant moins fréquents, la terre devint
enfin habitable pour l'homme et Dieu le créa
du limon de la terre, c'est-à-dire de matières empruntées à la terre, à l'eau, à
l'air et au feu.

Ces substances qui, en se renouvelant sans cesse en lui par les phénomènes de la respiration et de la digestion, entretiennent sa force et sa vie, il doit les rendre en mourant aux éléments dont elles proviennent : et de ses débris, redevenus de la terre, de l'eau, de l'air et du feu, naîtront et s'entretiendront de nouveaux êtres organisés, qui, à leur tour, les rendront aussi à l'universelle source d'où procède toute vie.

Nous appellerons la sérieuse attention de nos lecteurs sur cette immuable loi de la formation des corps organiques par l'union et la combinaison des corps simples préexistant dans la nature, et de l'entretien de leur vie par l'absorption et l'assimilation continue de matières et de fluides élémentaires analogues existant dans l'air qu'ils respirent et dans les substances dont ils se nourrissent. Cette loi, que rien ne peut changer, cette loi, qui lie par une chaîne sans fin la matière inanimée à la matière vivante, en faisant servir sans relâche la mort à la vie ; cette loi, c'est la clé de la voûte de l'art de l'agriculture.

Dieu ayant créé l'homme de la matière, l'anima d'un souffle de vie (1), c'est-à-dire lui donna le mouvement et l'intelligence en lui faisant part de son *esprit*

L'esprit de Dieu, c'est Dieu, c'est tout ; il est partout, dans tout et avec tout, car sans lui rien ne serait.

Il est le principe et l'essence de tous les éléments connus ou inconnus dont l'homme est formé.

Nous disons les éléments *connus ou incon-nus ;* car évidemment l'homme connaît à peine la partie matérielle de son être, celle qui, par la désorganisation, retourne à la terre dont elle provient et qu'il peut soumettre comme les éléments eux-mêmes à une analyse maté-rielle.

Quant à la partie spirituelle, celle qui retourne à Dieu, jamais il ne la connaî-

____

(1) *Genèse.*

tra...... Toujours elle restera cachée à ses regards par un impénétrable voile, et sera pour lui un mystère profond, inabordable même, car elle émane de Dieu, le grand mystère du monde : elle est de sa nature, elle participe de son être, et si l'homme pouvait comprendre son âme, il comprendrait bientôt son Dieu.

Nous irons plus loin : nous dirons, l'homme connaît seulement de son être les parties élémentaires les plus grossières ; les fluides éthérés, ceux qui forment la transition entre le *limon de la terre* et l'*esprit de Dieu*, échapperont toujours à son impuissante analyse.

Il n'a pu même encore soumettre à son pouvoir le plus matériel de ces fluides, celui qui, tenant sans doute le milieu entre la substance et l'esprit, est à la fois le moins divin et le moins terrestre de tous, le magnétisme enfin, dont il a entrevu l'existence, dont il soupçonne la nature, mais dont il ne peut ni définir ni même comprendre la magique puissance qui en paraissant étendre beaucoup

les bornes de son intelligence, en lui faisant même entrevoir en lui des facultés nouvelles et presque miraculeuses, le jette à
corps perdu dans les espaces infinis de présomptueuses hypothèses.

Et en effet, sans ajouter une aveugle foi
à tous les prodiges magnétiques si pompeuse-
ment annoncés et si énergiquement attestés
par les adeptes, on ne peut se le dissimuler,
le magnétisme a des effets merveilleux dont
l'existence démontrée frappe d'étonnement
l'observateur impartial, ouvre une carrière
sans limites à son imagination, et tient depuis bien long-temps le monde entier partagé
entre le fanatisme de la foi, les transports
de l'admiration, les découragements du doute
et les dédains de l'impuissance.

La combinaison dans des proportions variables de tous ces éléments plus ou moins
parfaits, plus ou moins imprégnés de l'essence divine, forment l'intelligence de l'homme ; et voilà pourquoi elle est si variable
elle-même dans ses effets et dans sa puissance.

En vain l'homme a voulu chercher en lui le siége de cette divine intelligence qui le rend si supérieur aux animaux, composés de matières et d'éléments moins parfaits, moins éthérés que lui. L'intelligence de l'homme, c'est l'homme ; comme Dieu, c'est l'univers. Elle est dans toutes les molécules de son être, comme l'esprit de Dieu dans tous les éléments du monde.

Tant que l'organisation du corps est normale et parfaite, l'intelligence fonctionne avec régularité et ne lui fait jamais défaut ; dès que la machine se dérange ou se rompt, l'intelligence s'altère ou se brise avec elle. La diversité de l'intelligence dans l'homme, provient d'une différence en chaque individu dans la combinaison, la cohésion et la disposition entre eux de tous les éléments dont il est formé.

Le moindre changement apporté aux conditions générales indispensables à la régularité des fonctions de l'être animé, affecte l'âme en même temps et au même degré que le corps.

L'esprit grandit, se développe et prend de la force, s'affaiblit, s'use et se dissout avec la matière. Mais si dans un corps qui se désorganise l'intelligence et le mouvement cessent, rien ne périt ou ne se perd en lui : la matière retourne aux éléments dont elle provient; l'intelligence ou l'âme à Dieu dont elle émane.

Voyez ces globules légers aux couleurs prismatiques, naissant au souffle d'un enfant, d'une goutte d'eau et d'un peu de matière transformés par leur intime combinaison en corps organisés et mobiles. Après avoir voltigé dans les airs plus ou moins haut, suivant la proportion de la matière et du fluide animateur; après avoir plus ou moins duré, suivant la force de l'enveloppe et les hasards du temps, ils disparaissent tout-à-coup sans qu'il en reste la moindre trace.... L'eau est redevenue de l'eau, les matières se sont combinées à leurs analogues élémentaires, et le souffle est rentré dans la masse de l'air dont l'enfant l'avait un instant isolé en lui donnant un corps à conduire.

Tel est l'homme : formé d'un peu d'eau et de limon de la terre, animé par le souffle de Dieu enveloppé dans cette matière, il vit plus ou moins long-temps, suivant la force de sa constitution et les hasards de sa course; il s'élève plus ou moins haut, suivant la proportion relative de la matière et de l'esprit; puis il disparait à jamais.... La matière retourne aux éléments dont elle provient; l'âme au fluide divin, à l'esprit de Dieu qui remplit l'univers, et dont le créateur l'avait un instant séparée en l'incorporant à un être organique et périssable dont il lui avait donné, à ses risques éternels, la pleine et entière conduite.

Créé par Dieu à son image, animé de son *esprit*, l'homme se tint debout, regarda le ciel et prit possession de l'empire du monde.

Nous ne chercherons pas à peindre ses premiers jours sur la terre, alors que Dieu, dans son inépuisable et paternelle libéralité, en avait fait pour lui un paradis terrestre. Sans doute, pendant ces courts instants d'un bonheur bientôt perdu , les volcans et la foudre assoupis servaient seulement à saturer l'air des gaz nécessaires à la végétation ; la chaleur et l'humidité , répandues sur la terre dans de justes proportions, y entretenaient un printemps éternel ; et l'homme , heureux et puissant possesseur du plus beau séjour après le ciel, n'avait rien même à désirer.... et ce fut là ce qui le perdit ; car , hélas ! Dieu , en le créant pour le bien , lui avait laissé le libre arbitre du mal. Mais arrêtons-nous.... ne nous laissons pas entraîner hors du cercle que nous nous sommes tracé.

Enfin l'homme ayant désobéi à son Créateur, perdit presque tous les avantages et les priviléges qu'il en avait reçus. S'il conserva le premier et le plus précieux de tous, l'intelligence , il fut soumis à la souffrance, à la mort, et condamné à manger son pain à la sueur de son visage.... Mais Dieu , dans son infinie miséricorde , ne voulut pas qu'il tombât tout d'un coup de si haut qu'il était alors, aussi bas qu'il est aujourd'hui ; en le condamnant au travail, à la douleur et à la mort, il assigna à sa dégénération et à sa décadence, ainsi qu'à la diminution de la fertilité de la terre, une gradation lente mais continue; il fit plus, il permit à l'homme d'opposer les ressources de son génie aux progrès de tous ses maux et de tous les obstacles à son bien-être sur la terre, et d'en retarder ainsi le plus possible les funestes et inévitables effets.

De cette précieuse et noble faculté laissée à l'homme et sans cesse excitée en lui par son horreur pour la souffrance et son désir du bien-être, sont nés tous les arts libéraux qui soulagent ses douleurs, occupent agréablement ses jours et augmentent ses jouissances pendant son court et orageux passage dans la vie.

Combien lui a-t-il fallu de temps pour concevoir et enfanter successivement toutes les merveilles dont son génie créateur a su pallier sa misère, adoucir ses maux, aider sa faiblesse et embellir son existence?

Par combien de siècles ont passé les premiers sons informes et barbares du chalumeau grossier pour se transformer en ces harmonieux accords de tant d'instruments divers qui nous ravissent aujourd'hui?

Combien de milliers d'années ont séparé les premiers essais de timides esquisses tracées sur le sable et d'informes figurines moulées en argile tentés par les premiers hommes ayant eu l'idée du dessin et de la sculpture, de ces admirables chef-d'œuvres artistiques aujourd'hui l'orgueil et la gloire du genre humain?

Voilà ce que se demande presque avec effroi l'observateur profond et sérieux, en voyant avec quelle lenteur les arts se perfectionnent de nos jours encore, malgré tant de foyers de lumières scintillant de toutes parts autour d'eux.

Parmi ces arts divers dont le génie, l'amour et le pouvoir furent donnés à l'homme pour améliorer son sort et pour soutenir, charmer et embellir sa vie, le premier et le plus essentiel de tous, est celui qui, en lui apprenant à s'opposer à la décroissance de la fertilité de la terre, à la renouveler à l'augmenter même, assure la durée de l'existence de la société humaine, favorise son développement et concourt à l'amélioration générale de son sort et de sa constitution morale et matérielle. Cet art si puissant, si utile et si fécond en grands résultats, cet art dont tous les autres procèdent et dépendent, cet art c'est encore le nôtre, c'est l'agriculture.

Nous allons d'abord essayer d'entrevoir derrière l'épaisse nuit dont ils sont couverts, la naissance et les premiers pas de cet art dans le monde. Nous suivrons ensuite rapidement ses progrès à travers les siècles jusqu'à nos jours.

Chassé de l'Éden, condamné à souffrir et à mourir après avoir vécu péniblement à la sueur de son front, l'homme, en pensant à tous les biens perdus par sa faute, dût éprouver d'abord un profond sentiment de désespoir et de découragement; mais bientôt, sentant sa force et son génie, voyant à ses pieds une terre saine, fertile et riante et sur sa tête un Dieu puissant et miséricordieux qui ne s'était pas entièrement retiré de lui, il se résigna, reprit courage et se mit à l'œuvre.

A cette époque la terre était encore couverte d'une végétation luxuriante et peuplée d'une innombrable quantité d'animaux; la chaleur et l'humidité s'y trouvaient combinées dans la proportion la plus favorable à la végétation et à la vie; l'homme trouvait, sans beaucoup de peine et de travail, une nourriture abondante et salutaire dans les plantes et les fruits, et dans les animaux de toute espèce qui croissaient ou pullulaient sur sa tête et à ses pieds.

Les arbres touffus des forêts lui donnaient de l'ombre contre la chaleur du jour, et les nuits tièdes et calmes, lui rendirent un autre abri long-temps inutile.

Les hommes durent dans ces premiers

temps être fort nombreux sur la terre, car tout y favorisait à l'envie l'accroissement de l'espèce humaine, et cette inépuisable fécondité était nécessaire pour réparer les vides nombreux occasionnés par les catastrophes terrestres : car, à cette époque, le feu et l'eau avaient encore de ces luttes ineffables, dont les résultats étaient d'immenses bouleversements de la croûte terrestre, le creusement des abîmes de la mer et le soulèvement des montagnes.

Les récits merveilleux de ces grandes catastrophes, transmis à leurs descendants par les hommes qui en furent témoins, arrivèrent par la tradition, de générations en générations, aux peuples lettrés et adorateurs des faux dieux.

De là tous les mythes et toutes les divinités dont l'imagination poétique et rêveuse de ces peuples a rempli leurs livres et peuplé les cieux, ainsi que nous l'avons expliqué dans les pages précédentes.

La lutte intérieure entre le feu et l'eau

continuant toujours, le feu se retirait insensiblement vers le centre du globe ; et plus l'eau
gagnait du terrain sur le feu, plus la terre se
refroidissait, plus sa fécondité générale dimi-
nuait : car si le feu et l'eau réunis sont
les conditions indispensables de toute existence, la chaleur en est le principe et le
froid en est le terme. La vie sur la terre
a commencé par le feu ou le calorique uni
à l'humidité, c'est-à-dire à l'eau : elle finira
par leur désunion, c'est-à-dire quand l'eau
entièrement séparée du feu ou privée de calorique enveloppera le globe entier d'un épais
manteau de glaces éternelles.

Ainsi, à mesure que de siècle en siècle la
terre perdait de sa chaleur, les végétaux et
les animaux perdaient aussi de leur force
et de leur grandeur. Les races gigantesques
ne trouvant plus aussi facilement leur subsistance, dégénérèrent ou s'éteignirent pour
toujours.

Alors l'homme commença sans doute à
connaître les premiers besoins. Si la terre

fournissait encore abondamment à sa nourriture, les nuits et les pluies, devenant plus froides, lui firent éprouver des sensations pénibles, contre lesquelles il chercha à se défendre. La dépouille des bêtes dont, par l'ordre de Dieu (1), il s'était ceint et avait couvert ses épaules, ne suffisant plus pour le garantir des atteintes du froid, il se vit contraint à se couvrir entièrement de vêtements divers.

Et ce fut là pour lui la plus pénible humiliation de sa chute, le plus terrible châtiment de sa faute irréparable.

L'homme fut abaissé à ce point que, pour pouvoir subsister misérablement sur cette même terre dont Dieu lui avait donné l'empire, il dût cesser d'être lui-même, en se cachant tout entier sous la peau des bêtes.

Honteux, triste et vaincu par le froid, il préludait ainsi forcément à cette éternelle et

1. Genèse, chap. I.

pitoyable mascarade, dont il donne seul l'exemple dans l'univers.

Amère et cruelle dérision ! !

Le maître et le roi du monde, seul parmi tous les animaux, a honte de lui-même, ne peut supporter ni l'atteinte du soleil ni l'impression de l'air, et va couvert d'oripeaux et de guenilles dont il est même jaloux et fier !....

Oh ! que de tristes et douloureuses pensées se pressent tumultueusement dans l'esprit en présence de cette exceptionnelle dégradation imposée à l'humanité par la colère céleste.

L'homme, créature de Dieu à son image ; l'homme, cet être intelligent, si noble, si fier, si gracieux et si beau dans ses formes primitives, obligé maintenant, pour se cacher à lui-même sa laideur, sa honte et sa misère, de s'affubler de brillants ou sales haillons sans lesquels il ne pourrait vivre, qui sont le niveau de son rang et dont il tire toute son importance !

Oh ! mon Dieu, n'est-ce pas trop, aussi ?

La terre, perdant en même temps sa chaleur et sa fertilité se montrait de plus en plus
ingrate et rébelle ; les animaux, devenus plus
rares et plus sauvages à mesure que l'homme
leur faisait une guerre plus acharnée, s'éloi-
gnèrent des lieux habités et se réfugièrent
dans les forêts impénétrables.

Alors commença pour l'homme l'ère du besoin journalier, de la peine habituelle et du
travail opiniâtre.

Alors se résignant à lutter sans relâche
contre sa triste destinée, il tourna sérieusement sa pensée vers l'agriculture, qui devait
le nourrir, et vers tous les autres arts de
première nécessité pour sa misère.

Pour se bâtir une demeure où il trouverait
un abri permanent contre la chaleur du jour
et de l'été, le froid des nuits et de l'hiver,
ainsi que contre les pluies et les attaques
des bêtes féroces qui, ne trouvant plus dans
les autres animaux une pâture assurée, commencèrent à s'attaquer à lui, l'homme sentit
le besoin d'une matière dure et résistante

pour tailler les pierres qu'il devait entasser
et pour labourer la terre dont il lui fallait
féconder le sein à la sueur de son visage.

Mis en contact avec le feu de quelque
houillère embrâsée ou du cratère de quelque
volcan, du minerai de fer s'était réduit et
avait coulé sur le sable ; un jour l'homme
remarqua la pesanteur et la dureté de cette
matière et la soumit machinalement au feu
dont il reconnut sur elle la puissance amol-
lissante : le fer était découvert, et l'art mé-
tallurgique venait de naître.

C'est de la même manière sans doute que
l'homme fut mis en possession des autres
métaux plus précieux par convention, mais
réellement moins utile pour lui.

Le fer, trouvé et mis en œuvre, facilita
et améliora la pratique de l'agriculture et
des autres arts, ses auxiliaires.

Quelles furent les premières semences, les
premières plantes que l'homme confia à la
terre dont il avait effleuré la surface, car

alors la fertilité de la terre était bien supérieure à ce qu'elle est de nos jours ?

Il nous est impossible de pénétrer ce mystère. Nous savons seulement que le fer était connu de l'homme avant le déluge ; car, sans lui, Noé n'aurait pu bâtir son arche. Nous savons aussi, par la même raison, qu'il demandait à la terre, par la culture, une partie de sa nourriture ; mais là se borne sur ce point la portée de nos regards et même de notre imagination au-delà de cette grande catastrophe du déluge universel, dont l'existence est généralement admise et nullement contestée ; car les traditions de tous les peuples de l'ancien et du nouveau monde sont d'accord sur l'existence d'un cataclysme universel qui fit périr tous les hommes, excepté un très-petit nombre qui survécut pour régénérer l'espèce humaine. La date seule de l'époque de ce déluge varie comme celle de la création du monde.

Toutes ces traditions s'accordent, du reste, sur cette version, qu'un ou plusieurs hommes

justes et aimés de Dieu échappèrent seuls à
cette inondation générale , mais elles expliquent diversement la cause de ce déluge.
La Genèse l'attribue aux cataractes du ciel
qui , par l'ordre de Dieu , restèrent ouvertes
durant quarante jours et quarante nuits.

Cette explication , la seule admissible pour
nous, est non seulement vraie , elle est aussi
naturelle.

En effet , comme nous l'avons dit, il existait dans les premiers âges du monde , sur la
terre, une bien plus grande masse d'eau que
de nos jours , puisque l'eau s'est peu à peu
infiltrée dans les entrailles du globe à mesure que le feu se retirait devant elle. Et
quand on pense aux pluies diluviennes dont
l'histoire fait encore mention , dans des temps
peu éloignés de nous , on peut facilement
croire qu'à une époque où tant d'eau existant
sur la terre était sans cesse évaporée par
les causes par nous déjà déduites, les pluies
ont pu durer quarante jours et noyer ou
faire périr presque tous les hommes.

Cette explication du déluge rentre entièrement dans notre système et nous vient
en aide pour repousser comme inadmissible
et aussi contraire à la raison qu'aux saintes
écritures , celle qui attribue ce cataclysme
à l'irruption des eaux de la mer par suite
du choc de la terre avec un autre corps céleste.

Ce déluge , occasionné par les torrents du
ciel , dut causer en effet fort peu de bouleversements sur la surface du globe , car
les eaux des courants eurent bientôt pris
leur niveau avec celles de la mer, et dès-
lors elles cessèrent de déplacer et d'entraîner les terres.

Mais si cette inondation n'a pas été la
cause directe de ces grandes perturbations du
sol, dont nous avons cherché à donner l'explication , elle doit y avoir beaucoup contri-
bué, car cette immense quantité d'eau as-
saillant en masse les feux des volcans , dut
en redoubler la furie. Et sans doute ce fut
là le fort de cette longue et terrible lutte

que nous avons essayé de décrire, et c'est à cette époque qu'il faut alors reporter les plus vastes accidents terrestres et ces immenses transports de matières confuses dont la masse prodigieuse effraie et fait reculer l'imagination la plus hardie dans ses aventureuses hypothèses.

ESSAI SUR L'AGRICULTURE.

Après le déluge, la terre de plus en plus
refroidie, se montra aussi de plus en plus
rebelle aux efforts de l'homme ; alors, avec la
nécessité, dût grandir et se perfectionner la
culture des champs et celle des arbres et
des plantes utiles

La différence des saisons devenant de plus
en plus sensible et la terre ne donnant plus
des fruits en tous temps, l'homme sentit le
besoin d'en faire des provisions dans les jours
d'abondance pour les jours de disette: il mit
à couvert les fruits et les grains dont il se
nourrissait. Sans doute des raisins furent entassés par hasard dans quelque vase : la
fermentation s'y établit et le vin fut décou-

vert. Alors la culture de la vigne dut être mise au premier rang.

A quelle époque l'homme a-t-il connu les propriétés du blé et s'est-il livré à la culture de cette plante?

Cette céréale, si utile et si universellement répandue, nous est-elle arrivée perfectionnée et améliorée par la culture, ou bien a-t-elle toujours existé dans la nature telle que nous la connaissons et la cultivons aujourd'hui?

Il est impossible d'assigner une époque précise au commencement de la culture du blé. Toutes les traditions des anciens peuples la font remonter presque aussi haut que leurs premières notions sur la création et l'existence du monde. Cérès, à qui ils attribuent la découverte et le don du froment aux hommes, était fille de Saturne ou du *temps* et de Cybèle ou la *terre*, et par conséquent sœur de Jupiter, de Neptune et de Pluton, c'est-à-dire des plus grands dieux de l'univers. Cette déification accordée dans la personne de Cérès à l'inventeur des propriétés du blé, prouve toute l'importance et tout le prix que les anciens attachaient à cette découverte.

Il est impossible aussi de dire si le froment, tel que nous le connaissons, est une plante perfectionnée par la culture, ou s'il a toujours été ce qu'il est encore de nos jours.

Nous pensons que de tout temps le blé fut au moins ce qu'il est encore ; et s'il a subi quelque changement pendant sa longue traversée dans les siècles, tout porte à le croire il aurait plutôt dégénéré qu'il ne serait amélioré. Car si la culture change tous les jours sous nos yeux la forme de quelques plantes et les perfectionne, ce sont uniquement celles que l'on transporte d'une mauvaise position dans une meilleure.

Il serait possible qu'il en ait été ainsi du froment et que Cérès eût mérité l'immortalité en perfectionnant par la culture et en rendant propre à la nourriture des hommes cette plante avant elle inconnue et presque stérile ; mais la réflexion ne permet pas d'admettre cette supposition.

A l'époque où le blé fut pour la première fois employé à la nourriture de l'homme, époque qui se perd dans la nuit des temps, la fertilité du sol saturé d'une immense quantité de débris organiques, fertilité encore augmentée par la chaleur et l'humidité et par le dégagement des gaz activé par ces deux agents si puissants, devait, comme nous l'avons déjà dit, donner à toutes les plantes une grande énergie de végétation et par suite des dimensions bien supérieures à celles que nous leur voyons aujourd'hui.

Nous citerons, à l'appui de cette opinion, la grappe gigantesque de la terre promise. Quoique paraissant dans l'histoire à une époque bien postérieure à la découverte du froment, cette grappe, qui n'était qu'un échantillon de la fertilité d'une contrée, prouve que, sous l'influence de la chaleur de la terre, de l'humidité de l'air et de l'abondance des principes vitaux, la végétation prenait encore, à cette époque, des développements inconnus de nos jours.

Toutes ces considérations, fondées sur des causes et des effets physiques incontestables, nous font une loi de penser que le froment, à l'époque de sa découverte et de son emploi à la nourriture de l'homme, était plutôt supérieur en tous points qu'inférieur à ce qu'il est maintenant.

Après Cérès, nous voyons déifier successivement Triptolème, l'inventeur de la charrue, c'est-à-dire, sans doute, d'un fer pointu fiché dans un bâton recourbé. Mais cet instrument était bien suffisant avec toutes les causes naturelles de fertilité existant alors, ainsi que nous l'avons déjà expliqué. D'ailleurs, on ne laboure pas autrement encore en Afrique, en Crimée et dans toutes les terres vierges, où la végétation est activée par la chaleur et l'humidité.

Puis nous voyons plus tard mettre au rang des dieux, sous le nom de Stercutus, l'inventeur de l'emploi du fumier comme agent de fertilité pour les terres. Ce dieu Stercutus paraît être le même qu'Hercule, introducteur de l'usage du fumier en Italie ; importation bienfaisante, à laquelle fait allusion la fable du nettoiement des écuries d'Augias , roi d'Élide.

La déification de Stercutus est remarquable pour nous dans le sujet qui nous occupe ; elle assigne une époque déterminée à une des grandes phases de l'histoire de la fertilité naturelle du sol , et par conséquent de l'agriculture.

Long-temps , en effet , la terre donna d'abondantes récoltes sans fumier, à l'aide de l'immense proportion de détritus animaux et végétaux et de matières calcaires dont avait saturé son sein l'action des volcans , la végétation luxuriante des arbres et des plantes et l'incessante multiplication d'innombrables myriades d'animaux de toute espèce.

Mais cette proportion de matières organiques végétales ou animales ayant décru à la longue et par une succession non interrompue de récoltes épuisantes , la terre devint peu à peu moins fertile , et l'homme que l'on déifia sous le nom de Stercutus put aller s'asseoir dans l'Olympe, sans avoir besoin pour cela d'un grand effort d'imagination. Il lui suffit de remarquer que, dans ses champs épuisés, les plantes végétaient avec plus de force là où étaient tombées et s'étaient décomposées des matières animales ou végétales. Stercutus fit cette remarque, en tira les inductions naturelles, les propriétés du fumier furent découvertes, et il devint le dieu d'un sale mais fertile empire, dieu fort vénéré des bons cultivateurs, qui lui dressent à l'envi de singuliers autels où brûle et d'où s'évapore un encens tout spécial.

De la simplicité et de la facilité de cette découverte à la grandeur de la récompense, il n'y a rien qui doive nous étonner. Les hommes sont habitués à juger des choses par leurs effets; et nous le voyons tous les jours, les plus belles inventions sont ordinairement les choses qui se trouvaient le plus à la portée de tous.

Si l'on prétendait que la déification de Stercutus n'est pas celle d'un homme, mais au contraire celle du fumier lui-même, nous trouverions dans cette assertion une nouvelle preuve de la connaissance, dès ces temps reculés, du pouvoir créateur et régénérateur des engrais, ainsi que de l'importance attachée à ce pouvoir.

A des époques plus rapprochées de nous, l'agriculture fleurit, prospère et devient en honneur chez les plus grands peuples de la terre. Rome, fondée par des laboureurs, appuie son empire sur le soc. Un arpent de terre récompense une victoire...... Elle va chercher, à la charrue, Cincinnatus pour en faire un dictateur, Séranus pour le revêtir de la pourpre consulaire.

Et ces passages subits du travail des champs aux plus hautes charges de la république étaient si communs, qu'il existait à Rome des messagers nommés *viatores* (viateurs), du mot *via*. pour aller chercher dans les campa-

gnes ceux que le sénat destinait à comman-
der les armées (1).

On aurait tort de croire cependant que ces
hommes ainsi soudainement appelés par la
république romaine au commandement de
ses armées dans les temps de dangers publics
étaient de simples laboureurs ; c'étaient, au
contraire, des hommes éminents par leurs
vertus civiques, mais qui, préférant la vie
tranquille et occupée des champs au tumulte
et à l'oisiveté des villes, ne dédaignaient pas
de conduire eux-mêmes leur charrue.

A cette époque, l'agriculture était considérée comme le premier et le plus libéral des
arts. Les tribus rustiques avaient à Rome le
pas sur toutes les autres, et le citoyen qui
dotait son pays de quelque plante utile, en
prenait et en portait avec orgueil le nom
ajouté à celui de sa famille, comme de nos
jours on récompense les généraux victorieux,
en les autorisant à porter le nom des lieux

(1) Pline

où ils ont remporté quelque victoire signalée.
Les Fabius, les Lentulus, les Cicéron, devaient ces surnoms à de semblables services
rendus à l'agriculture. Seranus, dont nous
venons de parler, avait sans doute inventé une
machine à semer, un semoir, car Seranus
veut dire *semeur;* et certes, cette distinction
était, selon nous, bien préférable sous tous
les rapports à celle provenant d'une victoire;
mais autre temps, autre mœurs.

Observons en passant que le surnom de
Cicéro porté par le grand orateur, est attribué par quelques historiens à une verrue en
forme de pois chiche qu'il avait sur le nez:
c'est possible, mais nous préférons croire et
maintenir la première version comme la plus
vraisemblable et la plus conforme au temps
où vivait cet homme célèbre.

Tant que Rome honora par-dessus tout l'a-
griculture, tant que les premiers de ses citoyens tinrent à honneur de cultiver eux-mêmes leurs champs, Rome fut forte et puissante. Elle commença à déchoir quand,

abandonnant la culture à des esclaves ou à des mains mercenaires, elle ne pût plus aller prendre à la charrue ses consuls et ses dictateurs.

Nous livrerons sans commentaire ce fait historique aux réflexions de nos lecteurs. Il y aurait un livre à écrire sur cet important sujet, et ce livre ne serait rien moins que l'histoire tout entière de la société romaine, histoire applicable à toutes les sociétés de la terre. La véritable force des nations est très-secondairement dans le nombre et dans la richesse du peuple ; elle est avant tout dans ses mœurs.

Nous voici parvenus à l'époque où il commence à être question des Gaules dans l'histoire de l'agriculture. Pline, en déplorant la décadence de cet art en Italie, dit : « Comment se fait-il que nous tirions à présent du blé des Gaules, quand autrefois l'Italie suffisait en abondance à tous nos besoins ? Alors les généraux eux-mêmes labouraient la terre charmée de se voir sillonner par une charrue couronnée de lauriers et conduite par des mains victorieuses. Ces guerriers mettaient autant de soin à préparer un champ qu'un camp , et le semaient avec la même attention qu'ils rangeaient une armée en bataille. »

Dans cette dernière phrase de Pline on peut, nous le pensons du moins, trouver une preuve puissante à l'appui de l'opinion par nous émise dans cet ouvrage, que les Romains avaient des instruments aratoires perfectionnés, qu'ils connaissaient le semoir, et que le nom du laboureur - consul Séranus était dû , sans doute, à l'invention ou au perfectionnement de cet utile instrument.

En effet, comment Pline aurait - il pu comparer l'action de semer un champ à celle de ranger une armée en bataille , si les Romains eussent, comme nous , semé *à la volée,* opération qui exclut nécessairement la pensée d'ordre , de régularité, de *rangée* enfin?

Evidemment les généraux-agriculteurs dont parle Pline, semaient leurs champs en *li-*

gnes, *avec symétrie*, et c'est à la symétrie raisonnée de ces lignes qu'ils apportaient la même attention qu'à la régularité des rangs de leur front de bataille.

Sans doute, à cette époque, la Gaule était bien mieux cultivée et beaucoup plus fertile qu'elle ne le fut après l'invasion des barbares et durant les guerres civiles qui, pendant si long-temps, désolèrent et ruinèrent ce beau pays.

Il paraît certain du reste que l'agriculture et beaucoup d'arts qui s'y rattachent directement ou indirectement, étaient bien plus florissants en Gaule long-temps même avant la conquête des Romains, qu'ils ne l'y furent plus tard et même dans les temps bien plus rapprochés de nous. Les Commentaires de César ne laissent aucun doute à cet égard.

Nous n'avons pas l'intention d'écrire l'*histoire de l'agriculture française* depuis sa naissance jusqu'à nos jours. Il existe tant de bons ouvrages dans lesquels ce sujet est longuement et savamment traité, que nous croirions abuser de la complaisance de nos lecteurs, en leur répétant ce qu'ils savent aussi bien, peut-être même beaucoup mieux que nous.

Nous emprunterons seulement à cette histoire quelques faits qui se rattachent plus particulièrement à l'agriculture actuelle.

Vers la fin du dernier siècle, les esprits commencèrent en France à se tourner vers la culture des champs. Dans beaucoup de lieux, en Bretagne particulièrement, de généreux efforts furent tentés; on fonda des sociétés agricoles; des fermes-modèles même s'établirent dans les environs de Paris; de nombreux et savants écrits (trop savants peut-être) furent publiés; enfin beaucoup d'hommes de science et d'esprit s'efforçaient d'attirer vers la douce et paisible agriculture les regards et les pensées d'une nation que minait déjà sourdement une fièvre intestine et qu'allait bientôt décimer les proscriptions, les échafauds et la guerre civile.

Louis XVI fit venir d'Espagne un troupeau de moutons mérinos et fonda la bergerie royale de Rambouillet. Cet excellent prince, animé de si nobles et si généreux sentiments et si digne d'un meilleur sort, fut emporté par le tourbillon révolutionnaire qui se rua sur la France, en renversant tout sur son passage, mais la précieuse importation dont il l'avait dotée resta et devint pour elle une source féconde de richesses agricoles.

Pendant cette tourmente furieuse et sanglante, dont l'intensité se prolongea six ans, et pendant la longue période de guerre dont elle fut suivie, l'agriculture se vit complètement oubliée et négligée : la conscription lui enlevait tous les bras, et la pénurie des ouvriers dans les campagnes dût nécessairement paralyser ses progrès.

A cette époque tous les esprits étaient tournés vers la gloire guerrière ; cette cruelle et triste manie, dont le but est le ravage et la destruction, ne pouvait sympathiser avec l'amour de l'agriculture, cet art dont la mission est de fonder la prospérité des états en créant l'aisance des peuples

Cependant Napoléon, dont le génie répara-
teur avait conçu un vaste plan de restauration sociale, comprit l'utilité, la nécessité
même pour son empire, d'une agriculture
florissante ; il lui donna quelques preuves
d'intérêt et de protection, et si la fatalité ne
l'eût pas entraîné dans ces longues et inutiles
guerres qui devaient le perdre, on ne peut
le mettre en doute il aurait porté ses regards
et ses efforts vers cette source première de
la richesse des nations ; il eût fait pour l'a-
griculture comme il faisait pour tout ce qui
lui paraissait utile ou avantageux ; il l'eût
protégée efficacement, royalement, et sous
sa puissante et féconde tutelle elle aurait
pris bien vite un immense essor et fait de
rapides progrès vers la perfection. On ne
saurait donc trop regretter que le génie in-
quiet de cet homme étonnant, ou peut-être
même la nécessité de sa position en l'entraînant sans cesse à de nouvelles conquêtes,
ne lui ait pas permis de consacrer à la prospérité de son empire et au bonheur du peu-

ple cette activité dévorante , cette grandeur
de vues et cette force de volonté qui en lui
faisant tenter et accomplir de si grandes
choses , élevèrent si haut sa gloire et sa puissance.

C'est sous son règne et à l'aide de sa toute
puissante protection , protection , il faut bien
le dire , ayant sa source dans une pensée
politique étrangère à l'amélioration de l'a-
griculture , que naquit en France l'industrie
de la fabrication du sucre de betterave. Cette
industrie , d'abord faible , débile et chancelante , fut , malgré les secours efficaces du
gouvernement, fatale à tous ceux qui s'y
livrèrent alors ; mais peu à peu elle grandit ,
se perfectionna , et aujourd'hui elle est si
forte et si vivace qu'elle doit résister et
grandir encore , nous aimons à le croire ,
malgré la guerre aussi injuste qu'acharnée
que lui ont suscitée les colonies et l'intérêt
particulier du commerce de quelques-uns de
nos ports de mer.

Nous devons ici remarquer combien souvent les événements vont au-delà de la pensée et de la volonté des hommes. Napoléon, en fondant l'industrie sucrière indigène, avait surtout en vue le blocus continental; et nous n'en doutons pas, il croyait peu lui-même à l'avenir de cette industrie; c'était pour lui simplement un moyen passager de tranquilliser la France et d'inquiéter l'Angleterre, et précisément tout le contraire est arrivé; les progrès de cette industrie nous suscitent des embarras réels et difficiles à surmonter, embarras dont l'Angleterre rit et se félicite *in petto*. Ce germe imparfait et débile, qu'il croyait avoir jeté pour un temps seulement sur le sol français, a poussé de profondes racines dans cette terre fertile, s'y est rapidement développé sous l'influence bienfaisante de la paix, et à l'aide du génie créateur de l'homme il est devenu un géant qui menace aujourd'hui son rival des colonies dans sa prospérité, dans son existence même.

La fabrication du sucre de betterave est pour l'agriculture française une véritable et précieuse conquête, elle n'y renoncera jamais volontairement; et comme il est trop tard pour la lui arracher de force, cette industrie, nous aimons à le penser du moins, nous est acquise pour toujours. Nous aurons sans doute à nous en occuper encore dans le courant de cet ouvrage; mais nous avons dû, en signalant à nos lecteurs l'époque de sa naissance sur le sol français, en faire hommage et en rendre grâces au grand homme qui fit plus pour le bonheur et pour la prospérité de la France en la dotant de cette belle et féconde industrie, qu'en gagnant cent batailles.

Une conquête agricole est moins brillante et moins célébrée d'abord qu'une victoire guerrière; mais l'une passe, s'oublie, et ses effets disparaissent; l'autre reste, grandit, et ses avantages vont toujours en croissant. Dans un siècle on se souviendra à peine d'Austerlitz et de Wagram, mais l'Europe entière bénira la main qui ouvrit au sucre la porte des chaumières.

A toutes ces longues et cruelles discordes,
à ce fatal et ruineux enchaînement de guerres, de victoires, de revers, de conquêtes et
d'invasions, succédèrent enfin le calme et le
repos, et avec eux reparut en France le goût
des arts libéraux. L'industrie prit un essor
jusqu'alors inconnu, et l'agriculture, si généralement et si malheureusement délaissée,
recommença à attirer l'attention. Les hommes
de guerre, obligés de renoncer à la gloire des
armes et ne pouvant se résoudre au repos
absolu, insupportable et mortel pour eux,
tournèrent leurs regards vers les occupations
champêtres, dans lesquelles, pour la plupart, ils avaient passé leur première jeunesse. D'illustres guerriers devinrent de simples laboureurs; et, comme Cincinnatus, partis de la charrue pour aller gagner des batailles, ils revinrent aussi comme lui, mourir à
la charrue. Les jeunes gens, que n'invitaient
plus les palmes de la victoire, pensèrent
qu'il en était de plus douces et surtout de
plus utiles à cueillir dans les champs de leur

belle patrie , et ne pouvant plus aspirer à devenir de grands capitaines, ils voulurent être au moins de *bons laboureurs*. C'était à Rome le plus grand éloge qu'on pût faire d'un homme libre.

Ils étudièrent l'agriculture avec ardeur et la pratiquèrent souvent avec succès. Cet heureux et louable concours de citoyens de toutes les classes et de tout âge vers cette noble et si attachante occupation, la culture des champs, amena dans bien des lieux les plus favorables résultats pour l'agriculture en général. Tous ces efforts tentés séparément, mais vers un but commun, l'amélioration du sol et l'augmentation de ses produits eurent nécessairement la plus heureuse influence sur la prospérité publique. Les méthodes nouvelles importées par ces hommes qui avaient visité tant de pays étrangers, la présence des propriétaires et leurs bons exemples, firent pénétrer peu à peu dans les campagnes la pensée du progrès jusqu'alors étrangère à leurs malheureux habitants aban-

donnés depuis tant de siècles à leur ignorance ,
à leur découragement et à leur absurde routine.

Alors commença pour l'agriculture une ère
nouvelle, ère dont nous avons tous salué la
naissance avec bonheur, et dont tous nos efforts doivent tendre à consolider l'existence ,
à aider et encourager l'heureux et fécond essor.

L'agriculture , ainsi que nous l'avons déjà
dit, est la source - mère de la prospérité des
états et du bien-être du peuple. Aussi l'on
ne saurait comprendre la coupable indifférence des gouvernements pour elle; on ne
peut l'expliquer que par le plus funeste aveu-
glement. L'agriculture est l'estomac du corps
social ; quand elle souffre tout s'en ressent
comme dans le corps humain , et c'est là où
d'abord il faut porter les remèdes. Que di-
raient nos hommes d'état d'un médecin qui ,
négligeant la source du mal , chercherait seulement à en pallier les tristes effets?.... Eh
bien ! ils agissent absolument de même , en
négligeant les intérêts du sol. Bien des indus-

tries souffrent en France par suite du malaise général des classes agricoles, malaise dont la cause est dans les obstacles sans nombre dont la marche de l'agriculture est sans cesse entravée. C'est là qu'il faudrait porter d'énergiques et prompts remèdes....

Mais arrêtons-nous ; ne sortons pas de notre sujet. Nous écrivons les principes d'un art et nous ne devons pas descendre ici dans cette glorieuse arène où combattent déjà tant de vigoureux athlètes, dans les rangs desquels nous avons osé quelquefois prendre place ; mais si nous devons abandonner dans cet ouvrage la défense des intérêts agricoles comme sortant de sa spécialité , nous la reprendrons sur un autre terrain et nous n'abandonnerons jamais cette noble et belle cause à laquelle nous sommes heureux d'avoir consacré notre vie.

Nous allons maintenant jeter un coup-d'œil rapide sur l'état actuel de l'agriculture française et sur son avenir probable. A cet effet nous partagerons la France en deux grandes divisions agricoles.

La première comprendra tous les pays de fermage, c'est-à-dire ceux où les terres s'afferment à prix d'argent, les anciennes provinces de Normandie, de Picardie, d'Artois, de Flandre française, d'Isle-de-France, Orléanais, Perche, Gâtinais, Blaisois, une partie de la Touraine, la Lorraine, la Franche-Comté, l'Alsace, etc.;

La seconde, tous les pays de métayage, savoir : la Bretagne, le Bourbonnais, le Nivernais, le Berry, le Limousin, la Sologne, le Poitou, l'Anjou, le Languedoc, la Provence, le Béarn, le Comtat-d'Avignon, le Périgord, etc.

Dans cet ouvrage où nous nous occupons des principes généraux de l'agriculture, et dans lequel notre intention n'est pas d'entrer dans les détails des coutumes et des méthodes agricoles de chaque province, nous avons dû admettre cette division comme la seule présentant dans l'agriculture française une ligne de démarcation large, nette et bien tranchée.

Entre les pays où les terres s'afferment à prix d'argent et ceux où elles sont cultivées à partage de fruits, entre le fermage et le métayage enfin, il y a tout un abîme.

Dans les pays de fermage, les terres ont une valeur élevée ; l'aisance et l'émulation règnent dans les campagnes ; l'agriculture, le commerce et l'industrie sont en pleine et toujours croissante prospérité.

Dans les pays de métayage, les landes, comme une lèpre honteuse, couvrent une grande partie du sol ; les terres cultivées sont à vil prix ; la misère et le découragement abrutissent la population agricole ; l'agriculture, le commerce et l'industrie languissent et végètent péniblement.

Dans les premiers, les terres valent de trois à six mille francs et quelquefois jusqu'à dix et douze mille francs l'hectare (1). Les bestiaux sont grands, vigoureux et toujours en

____

(1) Dernièrement, en Alsace, des terres labourables ont été portées à ce prix par le jury d'expropriation.

voie de perfectionnement ; le peuple, bien
nourri et bien vêtu, sait lire et écrire et en-
voie exactement ses enfants à l'école ; enfin
l'agriculture y est généralement parvenue à
un degré de perfection qui lui laisse maintenant peu de progrès à faire.

Dans les seconds, la terre, valant à peine
de cinq à six cents francs l'hectare, nourrit
péniblement des bestiaux misérables, étiques
et en dégénération continuelle ; la population
qui végète à sa surface est pauvre, ignorante, découragée dans l'avenir, indifférente au
présent, mal vêtue, mal nourrie, et ses enfants débiles et rachitiques, passent les premières années de leur vie à méfaire en gar-
dant les bestiaux, occupation passive dans
laquelle ils contractent le goût de la paresse,
du vagabondage et des vices de toute espèce. L'agriculture y est, comme la population, ignorante, misérable et pouilleuse.

Le fermage, en un mot, implique l'idée
du bien-être et de l'émancipation d'une population agricole ; le métayage, celle de sa mi-
 ¬e et de son abrutissement.

Et qu'on ne dise pas que nous chargeons notre tableau de trop sombres couleurs, que nous poussons jusqu'à l'exagération la supériorité morale et matérielle des pays de fermage sur ceux de métayage.

Ecoutons un instant un homme de talent et d'énergie qui, depuis dix ans, consacre sa vie à l'amélioration de l'agriculture sur une des plus misérables contrées où le métayage règne presque exclusivement, les landes de la Bretagne. Voici ce que dit **M. Jules Rieffel**, dans un ouvrage récent (1) :

« De toutes les parties de la France, les
» départements de l'ouest, comprenant la
» presqu'île de l'ancienne province de Breta-
» gne, sont sans contredit ceux où l'agricul-
» ture est la plus arriérée, ceux où elle a
» le plus besoin d'être relevée par l'introduc-
» tion des nouvelles méthodes. A l'exception
» du territoire du littoral, de l'entourage des

(1) *Agriculture de l'Ouest.*

» grandes villes , et même des grandes pro-
» priétés formant des sortes d'oasis jetées çà
» et là *dans le désert des landes vagues*, l'in-
» térieur central croupit depuis des siècles
» dans l'ornière des vieilles habitudes , *languit*
» *stationnaire dans l'ignorance et la misère*, et
» appelle à grands cris les bienfaits des lu-
» mières et les fruits d'un sol susceptible
» d'être fertilisé et même de devenir riche. »

Plus loin , M. Jules Rieffel ajoute :

Le métayage n'est qu'un effet et non pas une cause. Éclairez les populations des pays à métayage, apportez-leur des capitaux et tout changera de face ; abrutissez au contraire la population belge, retirez-lui ses capitaux accumulés et la Belgique deviendra métayère.

Est-il possible de dresser mieux , plus énergiquement et en moins de mots un acte d'irrévocable condamnation contre cette absurde et ruineuse pratique agricole ?

Au reste il est inutile , nous le pensons du moins, de chercher d'autres témoignages à l'appui de notre opinion. Tous les auteurs qui ont écrit sur l'agriculture française sont unanimes pour regarder le métayage comme une plaie honteuse et dévorante pour les malheureuses contrées où il s'est enraciné. La classe agricole métayère est la plus misérable de toutes : elle mange de mauvais pain, ne boit que de l'eau, se nourrit de légumes et de lait caillé, et s'estime heureuse quand le dimanche elle peut mettre un peu de viande au pot. Sa misère morale est encore plus grande et plus déplorable : paresseuse, ignorante et découragée, elle végète plutôt qu'elle ne vit. Qu'attendre d'une semblable population, et combien de temps encore la France gémira-t-elle sur ce funeste ilotisme de la plus grande moitié de ses enfants ?

Ainsi le sol français se partage en deux vastes divisions agricoles, différant essentiellement entre elles par la richesse, l'instruction, les mœurs de leurs habitants, ainsi que par la proportion de leur population dans son rapport avec l'étendue du territoire.

Dans la première , comprenant tous les pays de fermage, l'hectare, valant en prix moyen quatre mille francs , s'afferme cent francs et nourrit dans l'abondance à peu près *un homme*.

Dans la seconde , comprenant tous les pays de métayage, l'hectare, valant environ cinq cents francs, rapporte à peine vingt francs et nourrit péniblement *un quart d'homme*.

D'où vient cette immense différence , à quelle cause attribuer cette désolante infériorité des provinces métayères ?

La misère vient - elle du métayage , ou le métayage de la misère ?

En un mot, le métayage est-il la cause ou l'effet de la misère d'un pays?

L'auteur que nous venons de citer, M. J. Rieffel, le considère comme un effet.

Nous, nous pensons qu'il en est en même temps la cause et l'effet.

Et voilà pourquoi les pays qu'il enserre ont tant de peine à s'en débarrasser.

Cette assertion hardie et qui semble impliquer une contradiction évidente, est cependant vraie et nous posons comme un fait qui ne sera pas contredit, qu'un pays soumis au joug du métayage et abandonné à ses propres ressources en hommes et en capitaux, ne pourra jamais s'en affranchir et tournera continuellement dans le cercle étroit et vicieux tracé autour de lui par cette funeste coutume agricole, en même temps la cause et l'effet de sa misère et de son infériorité relative.

Expliquons notre pensée : le métayage, dans tous les pays où il existe, est le pis aller des propriétaires.

Ils donnent leurs domaines à cultiver à moitié fruit à de malheureux colons n'ayant souvent pour tout bien que leurs bras et ceux de leurs enfants, et auxquels il faut avancer les grains nécessaires pour ensemencer les terres et souvent même leur nourriture tant qu'ils n'ont pas récolté ; ils donnent, disons-nous, leurs domaines à ces misérables agents de la culture, parce qu'il ne leur est pas possible de faire autrement sous peine de laisser leurs terres en friche et leurs fermes inhabitées , ou de n'être pas payés du prix de fermage.

Un bon fermier à prix d'argent , bien solvable, est un être si précieux et si recherché dans ces malheureux pays , qu'il peut choisir entre toutes les fermes et que chacun s'estime heureux de rencontrer un tel homme si rare dans nos contrées qu'il devient pour tous les autres un objet d'envie.

Le métayage est donc la conséquence inévitable de l'infériorité proportionnelle et relative de la masse des capitaux et des bras dans un pays donné , avec l'étendue du territoire de ce même pays.

Mettez sur les pays à métayage en argent et en hommes la même somme par hectare que dans ceux à fermage , et dans un court espace de temps il ne restera plus du premier qu'un souvenir triste et dérisoire.

Mais comme de son côté le métayage par tous les défauts inhérents à son mode de culture, met d'invincibles obstacles aux progrès agricoles, et que là où la culture est stationnaire le chiffre de la population l'est aussi, il s'ensuit qu'avec le métayage il est impossible à un pays d'augmenter sa somme de capitaux et d'hommes par hectare, et que dès-lors ,s'il ne lui vient pas du secours du dehors, il doit rester éternellement dans cette désespérante et funeste position.

C'est là une vérité incontestable qu'on ne saurait combattre victorieusement, et tous les écrivains qui ont voulu défendre le métayage ont fait fausse route et manqué leur but.

M. Jules Rieffel lui-même, malgré son remarquable talent et la supériorité de ses vues en agriculture, s'est laissé entraîner par son désir de défendre cette coutume, à des raisonnements et à des conclusions peu logiques.

Il n'a pas pensé sans doute que quelque soit l'habileté d'un avocat, il succombera toujours dans la lutte qu'il entreprendra contre un fait évident.

Quand tous les pays de métayage sont et ont toujours été plus arriérés en toute chose que les pays à fermage ; quand on a vu et l'on voit tous les jours encore les métayers céder peu à peu la place aux fermiers à mesure qu'un pays attire à lui des capitaux et des bras étrangers , tandis qu'il est sans exemple qu'on ait substitué le métayage au fermage dans un pays riche et prospère ; quand on reconnaît , comme l'a fait M. Jules Rieffel , le métayage pour un effet inévitable de l'ignorance et de la misère , est-il possible de dire alors que c'est une bonne coutume, préférable même au fermage ?

Et en effet , nous le répétons que le métayage soit un effet , une cause, ou tous les deux à la fois, peu importe ; ce qui est vrai et décisif dans la question , c'est qu'il est et fut toujours , comme une lèpre dévorante , le fléau des pays pauvres et des populations misérables.

Tant que les malheureux habitants de ces tristes pays sont abandonnés à eux - mêmes , cette lèpre, en les rongeant jusqu'au cœur, énerve leurs forces physiques, abrutit leurs facultés morales et paralyse tous leurs efforts.

Quand, leur apportant de l'émulation et des secours matériels, la civilisation s'avance vers eux, cette lèpre disparaît peu à peu et pour toujours devant elle.

M. Rieffel étaie son assertion chancelante de calculs, pour prouver que dans son pays un domaine rapporte plus exploité par des métayers que par un fermier.

En Bretagne cela peut être, parce qu'en Bretagne comme dans les autres pays métayers les terres s'afferment à prix d'argent à des fermiers n'ayant aucune ressource pécuniaire, par conséquent exploitant mal et la plupart du temps payant encore plus mal leurs fermages ; tandis qu'avec un bail à moitié fruit, les propriétaires *se payant dans le champ*, comme on dit, sont toujours sûrs de tirer quelque chose de leurs domaines. Voilà pourquoi le métayage, tout en étant pour eux un déplorable état de choses, leur paraît encore préférable aux fermiers à prix d'argent ; et puis le métayage comme le conseille et le préconise M. Rieffel, ce mode d'exploitation qu'il prétend plus avantageux que le fermage, n'est pas le vrai et pur métayage, c'est l'exploitation du propriétaire par domestiques intéressés pour une part dans les produits, au lieu d'être à gages. Mais ce mode d'exploitation, en réservant au propriétaire la direction de la culture, exige impérieusement sa présence habituelle sur la ferme ; dès-lors elle est une véritable exploitation du sol par le propriétaire lui-même, elle ne peut être admise au rang du métayage, et l'on ne doit tirer de ses résultats plus ou moins avantageux aucune conséquence dans la question qui s'agite. Nous n'avons donc pas à nous en occuper ici.

Ainsi, comme nous venons de l'expliquer, la France agricole se trouve partagée en deux grandes divisions presque égales en étendue, mais différant essentiellement entre elles sur tous les autres points.

L'une, exploitée par les propriétaires du sol ou par des fermiers à prix d'argent, est riche, fertile et prospère, et sa valeur mobilière et immobilière est quatre fois peut-être supérieure à celle de l'autre division, pauvre, stérile, misérable et exploitée par des colons partiaires.

Comme cette pauvreté, cette stérilité et cette misère générale se retrouvent partout où le métayage est en vigueur, dans l'ouest, dans le centre et dans le midi de la France; tandis que partout aussi, où le fermage est en usage, on retrouve la même richesse, la même fécondité relative du sol et la même prospérité générale, il est évident que le métayage est une plaie sociale qui ronge la moitié de notre belle patrie et condamne ses habitants à l'ignorance, à l'abrutissement et aux privations de toute espèce.

Tous les efforts des hommes de progrès et de bien doivent donc tendre au changement d'un si fâcheux état de choses.

Il est facile de voir par la différence énorme

existant entre la valeur territoriale, le revenu foncier et la population de ces deux divisions agricoles, combien la France perd de force, de richesses et de puissance par le seul effet du métayage.

Les provinces si nombreuses, si étendues et si belles soumises à son désastreux empire, ont un sol naturellement au moins aussi fertile, et sont aussi favorablement situées que celles où le fermage seul est en vigueur.

Et cependant un hectare, dans ces dernières, vaut quatre mille francs, rapporte cent francs et peut nourrir un homme.

Tandis que dans les autres il ne vaut que cinq cents francs, ne rapporte que vingt francs et ne nourrit qu'un quart d'homme.

Il est donc évident que si la France pouvait rendre ces provinces arriérées égales en tout point aux plus prospères, sa richesse territoriale s'augmenterait de cent quarante milliards, son revenu foncier de plus de trois milliards et sa population de vingt-cinq millions d'hommes.

Elle serait alors le pays le plus riche et le plus peuplé de l'Europe, comme elle en est le plus beau et le plus heureusement situé sous le ciel.

Pour arriver à ce résultat incalculable dans ses conséquences morales et politiques, que lui faudrait-il donc faire ?

Ce que ferait, sans hésiter un instant, un propriétaire ayant deux domaines, l'un fertile, bien cultivé, suffisamment amélioré, en pleine prospérité et regorgeant de nombreux enfants d'une famille riche et éclairée, l'autre naturellement aussi fertile, mais mal cultivé par une famille pauvre, ignorante et insuffisante en nombre.

Il reporterait sur le domaine négligé et manquant de bras les capitaux dont l'autre n'a plus besoin et les bras qu'il a de trop.

Et bientôt il verrait ses deux domaines égaux en valeur, en prospérité et en revenu et sa fortune aurait doublé sans peine et sans effort.

Si le gouvernement pouvait comprendre toute l'importance de cette grande et capitale mesure ; s'il voulait entrer franchement dans cette voie d'amélioration et la suivre jusqu'à ses dernières limites, on ne saurait assigner un terme au développement de la puissance, de la richesse et de la prospérité nationale.

Mais quoiqu'il en soit, le métayage est jugé en France, et son règne est passé. Partout où il existe on le subit comme une déplorable nécessité, et tous les vœux, tous les efforts des propriétaires tendent à s'en affranchir ; il résistera long-temps, trop long-temps sans doute encore par les raisons que nous avons données dans les pages précédentes, mais il s'effacera peu à peu devant les progrès de la civilisation et de l'industrie. Il est incompatible avec cet élan général de la société française vers l'agriculture, sa nourrice première. Le trop plein des capitaux et des bras étrangers refluant par la loi naturelle du nivellement des provinces riches vers les provinces pauvres, en fera disparaître pour toujours cette funeste coutume, effet et cause tout à la fois de leur honteuse et désolante infériorité en tous genres.

Cette révolution territoriale qui, en amenant une heureuse révolution sociale, doublera vos fortunes et fera succéder dans vos campagnes l'aisance, l'instruction et la moralité à la misère, à l'ignorance et à tous les vices qui en sont la conséquence forcée, cette révolution vous pouvez la hâter, propriétaires des pays de métayage.

Redoublez d'efforts pour substituer peu à peu des fermiers à prix d'argent aux colons partiaires; faites pour cela des sacrifices s'il le faut, vous en serez plus tard payés avec usure; formez des associations pour attirer sur vos terres avec toutes les garanties désirables de part et d'autre, des fermiers étrangers instruits, aisés et laborieux; faites leur, comme on dit, un pont d'or, au lieu d'abuser de leur inexpérience, comme cela est arrivé trop souvent, ce pont d'or que vous leur ferez aujourd'hui se résoudra plus tard en beaux et bons lingots dans vos caisses.

Propriétaires de l'ouest, du midi et du centre de la France, ne vous découragez pas devant ces immenses obstacles que nous venons d'énumérer avec force et conviction. Si le présent ne vous est pas favorable, l'avenir est à vous tout entier et sans réserve. Dans les pays riches et bien cultivés la valeur de la terre est arrivée à ses dernières limites ; vous, depuis long-temps vous voyez doubler votre fortune à chaque période de vingt ans. Ces vingt ans vous pourriez les réduire à cinq si vous le vouliez, mais la force seule des choses par l'impulsion imprimée aujourd'hui à la société vers l'agriculture et l'industrie les réduira à dix ans.

C'est là une belle perspective, sans doute, mais elle ne doit pas vous engager à vous endormir plus long - temps dans une funeste apathie : derrière vous il y a quinze millions d'hommes qui souffrent et languissent dans une déplorable infériorité sociale. L'amélioration du sort de cette partie si intéressante et si malheureuse de la grande famille française dépend de vous, de votre résolution, de votre constance et de vos efforts vers le but que nous venons de vous montrer du doigt. N'hésitez donc pas un moment, mettez-vous courageusement à l'œuvre pour changer le plus promptement possible la position de la population de vos campagnes; elle a déjà tourné ses pensées vers un meilleur avenir; elle l'attend de vous, ne la laissez pas languir davantage; pour la misère et la souffrance espérant un sort plus heureux un jour c'est un siècle.

Ainsi que nous l'avons dit ci-dessus, tous les esprits commencent à se préoccuper de l'agriculture.

Le gouvernement semble comprendre enfin qu'elle est la base première de la prospérité des états, et que, comme l'a dit Sully, *les biens que donnent la terre sont les seules richesses inépuisables, et tout fleurit dans un état où fleurit l'agriculture.*

Un grand nombre de propriétaires du sol, mus par le désir d'occuper leur vie et d'améliorer leurs domaines, s'adonnent à leur culture, et, sous l'œil bienfaisant du maître, tout a entièrement changé de face dans bien des exploitations rurales. Beaucoup de jeunes gens, désireux de travailler et de se faire une position, voyant le barreau et la médecine envahis par une foule de concurrents qui ne laissent plus de place à prendre à leurs côtés, se consacrent à l'agriculture, et vont dans les fermes-écoles s'instruire et s'exercer dans la théorie et la pratique de cet art si utile et si attachant, mais plus difficile qu'on ne le pense généralement.

Ainsi, par toutes ces causes réunies, l'agriculture semble avoir commencé son règne en France, ce beau pays où tout l'invite et lui promet les plus heureuses destinées. Le ciel, le climat, la variété et la fertilité du sol permettant de varier à l'infini les cultures, assurent à notre heureuse patrie la suprématie agricole, si ses habitants veulent et savent profiter de tous ces avantages. Le moyen le plus efficace d'arriver promptement à ce but serait certainement l'exploitation du sol par les propriétaires eux - mêmes, ou par de jeunes fermiers initiés dans les fermes-écoles aux bonnes et rationnelles méthodes d'agriculture.

Mais ici se présente un écueil difficile à éviter, et qui a déjà causé bien des naufrages d'autant plus déplorables qu'ils ont semé le découragement et sont venus prêter un fatal appui aux détracteurs de la pratique de l'agriculture par les propriétaires du sol.

La plupart des jeunes agriculteurs, en entreprenant l'exploitation de leurs terres, ont ainsi débuté un peu étourdiment peut-être dans un métier sur les agréments et la facilité duquel ils s'étaient fait de bien trompeuses illusions.

Ils avaient cru que pour être laboureur il suffisait de se dire, je veux labourer.

Les jeunes élèves des fermes-écoles avaient aussi pensé qu'il suffisait d'avoir étudié l'agriculture un an ou deux, dans les livres beaucoup et dans les champs un peu, pour être passés maîtres et pour pouvoir exploiter avec succès n'importe quelle terre, n'importe en quel lieu.

De là sont venus bien des revers et bien des mécomptes, ruineux pour les uns, décourageants pour les autres, qui, en refroidissant le zèle des néophytes, ont porté dans bien des pays un coup funeste au culte de l'agriculture.

L'exploitation sage, prudente, raisonnée et définitivement fructueuse du sol, est un art difficile et dans lequel il est impossible d'improviser.

Pour s'y distinguer ou même pour y réussir, il faut joindre à certaines qualités naturelles une certaine expérience dans toutes les parties de l'agriculture, expérience qu'une étude pratique, attentive et raisonnée peut seule donner.

Parmi ces qualités, les unes sont nécessaires, les autres indispensables.

Celles dont un cultivateur ne saurait se passer sont l'économie, l'ordre, l'activité; celles dont il a besoin pour réussir sont la prudence, l'esprit d'observation, la force de volonté et la constance.

Ce sont là les colonnes de l'agriculture pratique; et non seulement chacune de ces qualités est indispensable ou nécessaire, mais aucune d'elles ne peut faire défaut sans compromettre l'édifice tout entier.

La première, l'économie peut, il est vrai, être suppléée dans le chef par la personne chargée de l'administration intérieure de l'exploitation, mais la règle n'en subsiste pas moins; et s'il n'est pas absolument nécessaire que l'homme soit économe, il est indispensable que son administration soit économique.

Ainsi, sans économie, sans ordre et sans activité, point de réussite possible.

Sans prudence, sans force de volonté, sans constance et sans esprit d'observation, point de succès probable.

Aussi, je vous le dis franchement, jeunes gens qui voulez revêtir ce noble harnais sous lequel nous avons mûri, si vous n'êtes pas rigoureusement économes ou si vous n'avez pas un second sur la rigoureuse économie duquel vous puissiez vous reposer entièrement de cette condition *sine qua non* du profit réel et net en agriculture ; si vous ne vous croyez pas la fermeté nécessaire pour mettre dans toutes vos opérations un ordre parfait et militairement immuable ; si enfin vous ne vous sentez pas capables d'être le premier levé et le dernier couché, de surveiller par vous-même et tout le jour vos ouvriers et leur travail : croyez-moi, renoncez à cette entreprise, car après vous avoir causé bien des ennuis, des dégoûts et des contrariétés, elle se résoudrait pour vous en une perte considérable de temps et d'argent.

Lors même que vous auriez toutes ces qualités, si vous ne vous croyez pas : 1° la prudence nécessaire pour avancer lentement et en tâtonnant, pour ainsi dire, sur une route inconnue et difficile, pour n'adopter qu'avec défiance et sous bénéfice d'inventaire seulement les méthodes nouvelles, pour ne pas heurter trop précipitamment les coutumes locales et même pour ne pas dédaigner les avis et les conseils des colons qui ont vieilli sur cette terre que vous connaissez à peine.

2° La force de volonté et la constance nécessaires pour ne jamais reculer devant un parti pris et reconnu bon, et pour supporter avec force et sans vous laisser décourager les mécomptes et les pertes de toute espèce qui souvent viendront vous assaillir au moment de recueillir le fruit de vos travaux.

Si vous n'êtes pas enfin doué de cet esprit d'observation indispensable pour tirer de chaque fait de justes inductions et en apprécier sainement les conséquences, croyez-moi, renoncez encore à cette carrière où vous attendent sinon des revers, du moins des mécomptes fâcheux.

Pour des hommes éclairés il ne suffit pas en agriculture de végéter dans une obscure médiocrité, il faut réussir ou ne pas s'en mêler.

Mais si réellement animés du feu sacré de cette grande et belle science, vous vous croyez assez forts pour entreprendre une semblable tâche avec la résolution nécessaire et la conviction du succès; si après avoir pesé mûrement et froidement tous les dangers, tous les désagréments et toutes les chances contraires de cette noble profession en opposition avec tous ses avantages, tous ses agréments et toutes ses chances favorables vous vous écriez comme autrefois un grand peintre : Et moi aussi je suis *agriculteur;* touchez-là, mes jeunes amis, dans cette main que je vous tends, dans cette main qui, après avoir long-temps connu les travaux agricoles, achève aujourd'hui sa tâche en vous faisant part de ma longue expérience, en essayant de vous guider vers le but désiré dans cette belle carrière où vous trouverez une vie douce, paisible, utile et noblement occupée.

Annibal se trouvant à Ephèse chez Antiochus, fut entendre un philosophe nommé Phormion, qui parla devant lui pendant deux grandes heures des devoirs d'un bon général, ce qui charma fort tout l'auditoire, excepté le grand capitaine, qui en parut fort mécontent. Cicéron, qui rapporte ce fait, approuve ce mécontentement : Quelle témérité, dit-il, de donner des leçons à Annibal quand on n'a jamais vu un camp. Il ajoute : Autant j'en pense de tous ceux qui veulent enseigner aux autres ce qu'ils n'ont jamais pratiqué.

Beaucoup font comme ce philosophe ; ils écrivent sur l'agriculture et en donnent des leçons sans avoir jamais fait dans les champs son rude apprentissage.

L'esprit et l'étude suppléent en eux à la pratique ; mais selon nous ce sont de mauvais suppléants.

Nous avons, nous, étudié l'agriculture dans les livres anciens et nouveaux ; nous l'avons observée en Allemagne, en Hongrie, dans les Etats de la confédération germanique, en Belgique, dans la Flandre française et dans tous les pays les mieux cultivés de France ; nous l'avons enfin pratiquée avec amour pendant vingt ans, et cependant ce n'est pas sans hésitation et sans crainte que nous nous sommes décidé à faire part au public des fruits de nos observations, de nos études, de nos réflexions et de notre expérience pratique.

Un vif désir d'être utile à notre pays et à tous ceux qui marchent sur nos pas dans cette noble et belle carrière, si digne d'un homme libre, comme le dit Cicéron, nous a enfin déterminé à cette grande et difficile entreprise.

Si nos forces et notre talent égalaient notre zèle, nous serions sûr du succès, mais du moins nous comptons sur l'indulgence de nos lecteurs.

Ils ne sauraient sans injustice la refuser à notre dévouement à leur cause, et à notre bonne volonté pour leur être utile et pour leur plaire.

Dans le livre que l'on va lire, nous ne présentons pas à nos lecteurs une nouvelle méthode d'agriculture pratique ; il existe tant d'ouvrages sur ce sujet écrits par des auteurs éclairés et habiles, que nous regarderions cette nouvelle tâche comme à peu près inutile. D'ailleurs un semblable livre nous paraît réellement impossible à bien faire, la pratique changeant à chaque pas avec le sol et le climat : nous avons seulement voulu jeter dans l'esprit de nos lecteurs et surtout de ces jeunes athlètes qui se préparent à la lutte dans cette grande et noble arène où nous les avons invités à descendre , nous avons voulu, disons-nous, jeter dans leur esprit les principes généraux de leur art.

Nous n'en doutons pas , ces germes féconds tombés sur une terre neuve et fertile ne périront pas ; ils se développeront rapidement, grandiront et porteront un jour des fruits abondants.

Si le résultat répond à nos efforts et à notre espoir, nous aurons fait comprendre à la
jeunesse agricole que l'agriculture est un art
comme la peinture : art d'inspiration pour
quelques-uns , d'imitation pour le plus grand
nombre.

C'est aux premiers surtout que nous nous
adressons dans cet ouvrage ; ils sauront nous
comprendre et mettre nos idées en œuvre...
Les autres suivront leurs pas.

Le jour approche où l'agriculture généralement aimée , dignement appréciée , sagement
et noblement pratiquée , sera enfin un art ,
art bien supérieur à tous les autres ; car il
n'a pas en vue seulement l'agrément ou la
gloire de quelques hommes , mais le bonheur
et le bien-être de l'humanité tout entière.

Oh ! si nous pouvions contribuer à ce désirable succès ; si nous pouvions vous convaincre de toute la grandeur de cet art capital , dont tout procède dans le monde ; si
nous pouvions faire naître dans votre âme son
amour et le désir de vous y distinguer ; si

nous pouvions enfin vous plaire et vous inté-
resser en vous instruisant, jeunes lecteurs,
nous aurions reçu la plus douce, la plus noble et la plus désirée récompense de nos travaux et de nos veilles!

PRINCIPES GÉNÉRAUX

D'AGRICULTURE.

L'agriculture, considérée dans son action purement mécanique, est tout simplement une opération de chimie, par laquelle, à l'aide d'un récipient et de la combinaison et manipulation de certaines matières ont produit des corps organiques composés de ces mêmes matières et propres à la nourriture de l'homme et des animaux, ou destinés à d'autres usages également utiles.

Le chimiste, c'est l'agriculteur.

Le récipient, c'est la terre composée, comme nous l'avons vu plus haut dans cet ouvrage, de matières primitives inorganiques et neutres, infertiles par elles-mêmes, telles que la silice, l'alumine, les cailloux, les pierres, les minéraux et autres.

Les substances que l'on mélange dans le récipient avec les matières neutres pour produire les corps organiques, ce sont les *amendements minéraux*, tels que la chaux, le plâtre, le sel et les *engrais*, c'est-à-dire les excréments et les débris organiques des animaux et végétaux, auxquels on a donné le nom générique de fumier.

Ces différents corps combinés entre eux et mis en contact dans le récipient avec les germes des corps organiques, produisent à l'aide de la chaleur et de l'humidité la germination, la végétation, la floraison, la fructification et la maturité de ces corps, qui deviennent ainsi propres à la nourriture c'est-à-dire à l'assimilation d'autres corps composés de matières identiques.

Ainsi l'homme éclairé par l'observation, exécute en petit dans son champ cette grande et magnifique opération de la nature que nous avons essayé de peindre, la terre rendue fertile.

Ainsi se continue d'âge en âge du monde ce perpétuel enchaînement de la vie et de la mort, par l'immuable loi de l'organisation et de la désorganisation successive de tout ce qui vit et végète sur la terre : la mort et la décomposition des corps organisés, servant sans relâche à la composition et à la vie d'autres corps formés des mêmes matières.

Ces lois primordiales, leur étude et leur application, c'est tout l'art de l'agriculture.

En ne s'écartant jamais de ces rigoureuses règles de la nature, en les prenant pour guide invariable de ses opérations, l'agriculteur assurera ses succès.

Ainsi, quand il voudra produire un corps organique donné, il examinera d'abord de quelles matières il est particulièrement composé et dans quelles proportions elles entrent dans son organisation.

Il étudiera sa nature et ses goûts depuis le

commencement de sa création , c'est-à-dire le moment où il est mis dans le récipient jusqu'à la perfection de son être ou l'accomplissement de sa mission , c'est-à-dire le moment où il doit être séparé du récipient pour la plus grande utilité de l'homme.

Il devra donc prendre en considération :
1° la force et la multiplicité des racines qui forment le lien par lequel le produit est uni au sol producteur et mis en rapport avec lui ;

2° La grandeur du produit et le temps qu'il doit mettre à atteindre sa perfection.

Tous ces points reconnus , il examinera attentivement les matières composant le sol ou le récipient destiné à cette production. Il verra s'il est suffisamment saturé des substances similaires que le produit doit absorber et s'assimiler ; si toutes ces matières combinées ont entre elles assez de cohésion pour offrir au végétal un point d'appui suffisant ; si elles lui sont suffisamment perméables, suivant la nature et la force de ses racines ; enfin si elles sont en rapport avec ses goûts et ses besoins, c'est-à-dire si elles ont assez d'humidité pour ceux qui l'aiment, assez de chaleur pour ceux à qui elle est nécessaire ou indispensable.

Si le sol a trop de cohésion, est trop compacte, si l'alumine y domine, il y mêlera de la silice et du carbonate de chaux pour le diviser ; si au contraire il est trop divisé, si la silice s'y trouve en trop grande proportion, il rétablira l'équilibre à l'aide de l'argile et des marnes alumineuses.

Dans les terrains riches, abondamment saturés de détritus végétaux et animaux, il répandra un peu de chaux ou de marne pour activer la dissolution de ces détritus et faciliter l'assimilation des corps analogues. Il aura égard dans ce mélange à la richesse du producteur et aux besoins des produits ; car il en est des végétaux comme des animaux, l'excès de nourriture peut leur être nuisible.

Dans les terrains nouvellement défrichés ou desséchés et saturés de certains acides contraires à la germination et à la végétation des plantes, il neutralisera ces acides avec la chaux pure ou la marne.

Il mettra le plus possible à la portée de l'eau, les produits auxquels elle est le plus nécessaire.

Il placera dans les terres les plus chaudes, les mieux exposées au soleil, les plantes qui ont le plus besoin de chaleur.

Enfin, comme un habile chimiste, il fera ses mélanges avec calcul et raisonnement; il les rendra les plus propres à atteindre le but, en ayant toujours en vue les deux grands principes fondamentaux sur lesquels tout se base dans la nature.

On le voit déjà, l'agriculture n'est pas un art ordinaire; il demande des connaissances variées, un esprit d'observation et un tact d'application que la pratique seule peut donner, mais dont l'étude peut hâter le développement.

Cependant il ne faut pas s'effrayer de ces prémisses que nous venons de poser. Pour un homme entièrement étranger à un pays et débutant sur un sol tout-à-fait inconnu sans pouvoir se procurer aucun renseignement sur sa composition, ses qualités et ses défauts, il y aurait sans doute une étude chimique tout entière à faire de ce sol, et elle présenterait des difficultés et entraînerait des longueurs. Mais partout on connaît assez bien la composition primitive du sol; on sait et l'on reconnaît facilement s'il est argileux, siliceux, calcaire ou ferrugineux : il est aussi facile de connaître, par des opérations à la portée et connues de tous les cultivateurs, dans quelles proportions ces diverses matières s'y trouvent combinées. Par un simple lavage on sépare la silice et l'alumine, après les avoir préalablement fait sécher et pesées; on les pèse de nouveau après leur séparation et leur dessication. Pour séparer le carbonate de chaux et l'oxide de fer, on emploie l'acide nitrique; et l'on reconnaît ainsi facilement les proportions pour lesquelles ces matières entrent dans la composition d'une terre ou récipient donné.

Quant aux autres substances hétérogènes contraires à la végétation, telles que la magnésie, les acides végétaux, les oxides minéraux, quand on n'aura pas les connaissances en chimie nécessaires, on aura recours à des chimistes de profession; mais, nous le répétons, ces matières hétérogènes n'existent ordinairement que dans les terrains neufs des bois défrichés, des bruyères ou des landes; elles se composent principalement d'acides végétaux : ceux du chêne et de la bruyère paraissent les plus nuisibles; cependant, le premier surtout ne fait sentir ses effets délétères que dans certain terrains, ceux entièrement privés de calcaires : au reste tous ces acides sont facilement neutralisés par la chaux ou des marnes calcaires.

Quant à la magnésie et aux divers oxides minéraux, on s'aperçoit de leur présence à l'infertilité persistante de la terre, et on ne peut combattre leurs effets que par le droit du plus fort, c'est-à-dire en jetant dans le récipient une quantité de substances fertilisantes assez considérable pour contrebalancer avec succès l'infertilité de ces matières. Mais souvent ou presque toujours, c'est un moyen trop coûteux, et en définitive plutôt onéreux que profitable. Quand on possède de tels terrains, le mieux est de les abandonner à la nature et aux moutons.

On le voit donc, en règle générale et absolue, toutes les terres, quelles qu'elles soient, peuvent être amenées au même degré de fertilité ; puisqu'on peut, à la rigueur, opérer dans tous les récipients une combinaison absolument identique. On peut rendre toute terre égale à toute autre, en la composant dans la même proportion des différentes matières formant la base du récipient de notre opération chimique.

L'agriculteur peut enfin imiter dans ses champs comme le jardinier dans sa serre, ce que la nature a fait pour certains terrains privilégiés par le travail que nous avons décrit.

Avec de l'argile, de la silice, du carbonate ou sulfate de chaux et de l'humus ou débris organiques végétaux et animaux mélangés dans les proportions nécessaires, on peut donner à toute terre toute la fertilité désirable.

Et comme il y a presque partout de l'argile et de la silice, reste la question de l'humus, des engrais et des divers amendements.

Cette question, c'est celle de la dépense pour se procurer, amener et mélanger dans le récipient ces matières indispensables à une combinaison féconde.

Et c'est là surtout ce que l'agriculteur devra considérer avant d'entreprendre l'exploitation d'un sol.

Il devra se dire, cette terre est à ma disposition ; je puis, par le seul pouvoir de mon art, la rendre aussi fertile qu'il me plaira : voyons seulement combien cela doit me coûter.

De cette étude du sol et de ce calcul dépend le sort des entreprises agricoles.

Beaucoup d'auteurs ont donné les moyens de reconnaître la fertilité du sol par sa couleur et ses productions naturelles ; nous ne nous arrêterons pas long-temps sur ce sujet peu important ; nous ferons remarquer seulement que ces indications sont souvent trompeuses.

La couleur noire que les auteurs donnent comme un puissant indice de fertilité, et cela avec raison puisque le noir est la couleur dernière de presque tous les corps organiques en dissolution ; la couleur noire, disons nous, est souvent trompeuse, et presque toujours quand la terre de cette couleur est légère et sans consistance.

Les couleurs jaunes et rouges de diverses nuances annoncent la présence des oxides de fer, mais ne sont pas toujours une cause d'infertilité, cela dépend de la nature de ces oxides ; et dans le Berry, entre autre, nous avons vu des terres très-fertiles quoique tellement saturées d'oxide qu'elles auraient pu, dans certains pays, être employées ainsi à la fusion dans les hauts-fourneaux.

Les terres blanches annoncent une surabondance de carbonate de chaux ; elles sont toujours très-peu fertiles et très-difficiles à rendre bonnes, car il faut une bien grande quantité d'argile et d'engrais pour y rétablir, entre ces matières passives et une matière active comme le carbonate de chaux , l'équilibre nécessaire à la fécondité.

L'agriculteur devra donc prendre en considération, avant de mettre la main à l'œuvre, la proportion et la position relative entre elles de toutes ces matières qui lui sont indispensables pour assurer le succès de cette œuvre.

Il devra voir quel est le poids et l'éloignement de celles dont il manquent, et la proportion dans laquelle elles doivent entrer dans son mélange.

S'il lui faut de l'argile ou de la silice en grande quantité, il devra renoncer à s'en procurer, surtout s'il doit aller les chercher loin , car le produit ne couvrirait pas la dépense.

Les engrais végétaux et animaux, le carbonate de chaux ou marne et tous les autres amendements entrant toujours dans une proportion minime dans notre amalgame chimique, on peut aller les chercher à de bien plus grandes distances.

De ces principes invariables découlent naturellement ces conséquences, — les terrains les plus simples ou composés de moins de matières diverses sont les moins fertiles et les plus dispendieux à cultiver avec succès ; car il faut y rapporter une plus grande quantité de substances étrangères pour constituer le mélange utile.

Ainsi dans la combinaison première de toutes les matières diverses nécessaires à l'opération chimique projetée, c'est-à-dire à la production des plantes, il y a deux points principaux essentiels et distincts à prendre en considération :

1° La composition du récipient ; pour approcher de la perfection, il doit être composé de silice et d'alumine dans une proportion convenable afin d'être facilement perméable aux racines, à la chaleur et à l'eau , tout en présentant aux plantes un point d'appui suffisant pour se tenir debout ; 2° la meilleure combinaison possible dans ce récipient des matières organiques assimilables par les êtres organisés ou s'organisant, c'est-à-dire de l'humus et des amendements divers.

Je le répète, pénétré de ces grands principes et muni des connaissances nécessaires pour les appliquer, l'homme est le maître, le créateur de sa terre. Elles sont toutes foncièrement égales à ses yeux, il peut les rendre toutes également fertiles. Cette possibilité n'a de bornes que dans les difficultés actuelles d'exécution, mais il en usera successivement à mesure que, par l'augmentation de la population et le perfectionnement des instruments de transport et de manipulation, il pourra se procurer et transporter à moins de frais les matières nécessaires pour opérer partout les mélanges ou les combinaison dans la proportion la plus utile, suivant la nature primitive du récipient.

Partout où il y a un pain il naît un homme,

a dit Buffon ; cela est vrai , et par une heureuse corrélation, partout où il y a un homme
il naît un pain.

De ce principe , le même que nous avons
posé plus haut, et de tous les développements
que nous venons de lui donner, on tire naturellement cette heureuse conséquence , — la
fertilité de la terre augmentant , la population
croîtra en proportion , et cet accroissement
de population aidera encore à la fertilité de
la terre. De là un heureux et fécond enchaînement de prospérité pour notre belle patrie ,
dont le sol , si mal cultivé et si peu produc-
tif , peut et doit nourrir un jour un nombre
quintuple d'habitants.

La terre de France a de l'eau, du soleil
et des amendements calcaires autant qu'il lui
en faut pour une agriculture arrivée à sa plus
haute perfection ; elle n'a donc besoin que
d'engrais animaux et végétaux ; elle se les
procurera peu à peu par l'accroissement graduel de la population et du bétail, accroissement amené par l'augmentation de tous les

produits du sol causée elle-même par l'augmentation des engrais : ces divers effets, provenant de la même cause, ayant entre eux une intime corrélation et agissant l'un sur l'autre avec une égale puissance, auront sur la prospérité publique une heureuse, une incalculable influence.

Il est en France assez de surface pour cent cinquante millions d'habitants, et ces cent cinquante millions d'hommes l'agriculture française les nourrira plus facilement et mieux un jour qu'elle n'en nourrit trente millions aujourd'hui. Voyez l'Alsace, voyez la Flandre française, voyez ce qu'était la plaine Saint-Denis avant qu'un million d'hommes vint camper au milieu.

Mettez demain un Paris dans la plus misérable contrée des landes de la Bretagne ou de la Sologne, et dans six ans cette contrée sera plus fertile que les meilleures terres de l'Alsace. Qui pourrait nier ou mettre en doute de telles vérités? personne ; dès-lors on reconnaîtra avec nous, que la terre proprement dite est un simple récipient dans lequel l'agriculteur opère comme le chimiste dans le creuset ou dans la cornue.

Chimistes agriculteurs de France, un récipient vaste et fécond est à vos pieds. Que vous faut-il maintenant?...

Du soleil ou de la chaleur? le climat de la France ne vous laisse rien à désirer à cet égard.

De l'eau? le ciel vous en donne, chaque année, dans des proportions variables mais ordinairement suffisantes : s'il vous en faut davantage, vous pouvez dans bien des lieux vous en procurer par des travaux souvent faciles et presque toujours peu coûteux en proportion des avantages qu'ils doivent procurer.

Des amendements? la nature prodigue a jeté à pleine main sur notre belle patrie la marne, le gypse, la pierre à chaux, la tourbe, le fallun, le sel, les cendres pyriteuses, etc.

Des engrais animaux et végétaux? sachez les créer, les multiplier et tirer parti de tous ceux qu'en bien des lieux on laisse perdre.

Et puis mettez vous à l'œuvre.

Combinez avec sagesse et discernement ces diverses substances dans le récipient commun, manipulez-les avec soin et sans relâche, et vous serez payé de vos peines, comme doit l'être tout bon ouvrier; car de toutes ces matières, la plus utile, la plus indispensable, celle qui assure le plus infailliblement le succès de l'œuvre agricole, c'est la sueur du front de l'homme: le champ qu'il en arrose abondamment n'est jamais infertile.

Dieu, en le condamnant au travail, a voulu qu'il en trouvât le salaire, et la main juste et bienfaisante de la nature départit avec libéralité ses richesses au laboureur habile, prudent et surtout laborieux.

Etudiez donc votre sol, soignez-le sans relâche, donnez-lui la nourriture convenable, et si vous lui imposez un travail en rapport avec sa nature et ses forces, il ne se refusera jamais à vous rendre avec usure les biens que vous lui aurez confiés et le prix des sueurs dont vous l'aurez humecté.

Ainsi que nous l'avons expliqué, la terre
arable, ou récipient chimique de l'agriculture,
est principalement composée de silice et
d'alumine, matières primitives, c'est-à-dire
antérieures à toute existence organique et par
conséquent neutres ou infertiles par l'absence
absolue de substances végétales ou animales
dans leur composition. En effet, ces matières,
faisant partie de la masse primitive du globe
et par conséquent ayant subi la violente action du feu universel, ne peuvent contenir
aucune parcelle organique qui leur soit propre : toutes celles avec lesquelles on les
trouve mélangées, elles les ont acquises, soit
par les mélanges volcaniques, soit par la désorganisation successive des végétaux et des
animaux auxquels elles ont servi de support
pendant leur vie.

Ces deux matières neutres sont la principale
base du sol arable, et en forment par leurs
combinaisons diverses les différents genres.

Les terres légères sont celles où la silice
domine dans le mélange ; les fortes, celles où

l'alumine est trop abondante ; les douces ou franches, celles où ces deux matières se trouvent combinées dans des proportions convenables à la végétation des plantes.

A ces deux matières principales, provenant de la désorganisation de la croûte du globe terrestre, se joignent, suivant les localités, d'autres substances également primitives et neutres ou infertiles par elles-mêmes, ainsi que nous l'avons dit et expliqué ci - dessus ; mais elles y sont ordinairement en si petite quantité qu'elles ont une influence minime sur la fécondité du sol ou récipient.

Les terres fortes ou alumineuses sont aussi les plus froides, les moins divisibles, et par conséquent les plus imperméables à l'eau, à la chaleur et aux racines.

Ce sont elles qui présentent les plus grandes difficultés pour les amener au point de mixtion et de manipulation convenable pour recevoir avec succès les germes à féconder.

Les terres siliceuses, au contraire, se laissent trop facilement pénétrer par l'eau et par la chaleur ; les racines des plantes auxquelles elles n'offrent pas un point d'appui suffisant, y trouvent trop de calorique et pas assez d'humidité ; en un mot elles sont chaudes ou arides.

C'est à ces deux inconvénients opposés des terres par lui cultivées que l'agriculteur doit savoir également rémédier par l'opération chimique du mélange et de la manipulation des matières ; il en trouvera facilement les moyens dans les engrais et les amendements de toute nature qu'il compose ou que la nature lui fournit, en prenant invariablement pour guide les principes généraux que nous avons posés dans cet ouvrage sur l'organisation des êtres et leurs rapports entre eux.

Le récipient donné, quelque soit sa nature, il s'agit maintenant d'y mélanger les matières fertilisantes nécessaires au succès de la végétation, et c'est à ce mélange que l'agriculteur doit encore apporter la plus grande attention.

Les engrais variant beaucoup entre eux,

soit par leur nature, soit par leur forme, il prendra en considération leurs différentes qualités et la nature des sols, de manière à donner à chacun l'engrais qui lui convient le mieux.

Il appliquera aux terres froides les engrais les plus chauds, c'est-à-dire ceux qui contiennent sous un même volume le plus de matières ammoniacales; aux terres chaudes, les engrais les moins actifs; sur les terres fortes et compactes il répandra les fumiers pailleux, qui alors agiront utilement de deux manières, chimiquement et mécaniquement.

Par la même raison, il donnera aux sols légers et sans consistance les engrais les plus consommés, les plus onctueux, dont l'action sera en sens inverse.

Enfin, ne perdant jamais de vue cette grande loi de la nature, l'assimilation des corps analogues, il aura égard dans le choix des engrais à la nature du produit qu'il veut en obtenir.

Mais avant d'employer ces divers débris

animaux ou végétaux mis par la fermentation putride ou par l'acte de la digestion dans un état de désorganisation et de ténuité qui les rend aptes à entrer, sous le nom générique de fumier, dans le mélange nécessaire à notre opération chimique de la production des corps organisés, le chimiste agricole doit leur faire subir à eux-mêmes suivant leur nature, des préparations diverses dont nous allons nous occuper.

ENGRAIS.

Nous diviserons les engrais en trois genres distincts : 1° les engrais animaux simples ; 2° les engrais végétaux simples ; 3° le fumier composé de leur union.

Les premiers proviennent entièrement du règne animal et sont de trois espèces : 1° les diverses parties du corps des animaux morts ; 2° leurs dépouilles ; 3° leurs sécrétions.

Il est rare que la première espèce, c'est-à-dire les cadavres ou les parties non encore entièrement désorganisées des animaux, s'emploie comme engrais d'une manière immédiate et directe, excepté dans certaines localités voisines de la mer où l'on fume la terre avec des poissons morts.

Ce genre d'engrais est bien certainement le plus puissant et le plus énergique de tous, ainsi qu'on peut le voir par la force de végétation qui se manifeste là où un cadavre s'est décomposé ; et cela doit être, puisque la chair, le sang et la graisse des animaux contiennent sous un moindre volume une plus grande partie de matières assimilables que toute autre substance. L'immense quantité de gaz divers qui s'en dégage pendant le travail de la décomposition, en est une preuve incontestable.

La seconde espèce d'engrais animaux, les os et les dépouilles des bêtes, c'est-à-dire la peau, les poils, les plumes, les ongles, les cornes et toutes les combinaisons qui en proviennent, comme les chiffons de laine, les poils des tanneries, les rognures de cuir tanné, s'emploient plus souvent directement comme engrais ; mais leur usage est borné par leur quantité. Ils sont aussi très-énergiques et très-durables, parce qu'ils se décomposent lentement ; en outre, ils présentent l'avantage d'un double effet sur la terre dans laquelle ils agissent aussi mécaniquement en la soulevant et la divisant. Cette propriété doit être prise en considération dans leur emploi.

Les engrais animaux de la troisième espèce sont liquides ou pulvérulents et se sèment à la main ou se répandent de toute autre manière sur le sol, mais en petite quantité, car leur action est très-énergique.

Ces engrais, connus sous le nom de poudrette, de colombine, de purin, d'urate et autres, s'achètent ou se recueillent tout préparés, et leur emploi est si nettement indiqué par leur nature que nous ne nous en occuperons pas.

Cependant nous ferons remarquer en passant

que leur composition étant très-différente, il faut les employer avec discernement; ainsi la colombine contient une plus grande quantité de chaux; la poudrette et l'urine une plus grande quantité d'ammoniac.

Le deuxième genre : les engrais végétaux simples sont très-communs et très-employés aussi, mais leur puissance fertilisante et leur énergie propre est de beaucoup inférieure à celle des engrais animaux.

Ce genre se compose des feuilles, des tiges et des fruits des arbres, et des plantes, soit à l'état naturel, soit ayant déjà subi un commencement de décomposition et de différentes substances végétales, telles que les huiles, les fécules, les amidons et les pulpes qu'on répand sur la terre, soient seules, soient mélangées avec de l'eau, après qu'elles ont servi à quelque application spéciale dans les arts industriels, tels sont les tourteaux de lin, de colza et de noix, les résidus d'amidonnerie, de féculerie et de brasserie.

Rarement, nous le répétons, ces engrais

végétaux s'emploient seuls, excepté les tourteaux : la meilleure manière de les utiliser
est de les mélanger aux engrais animaux
pour former le troisième genre.

Il est encore une autre manière d'employer
les engrais végétaux, méthode qui a bien son
utilité, mais dont les avantages incertains et
faibles ont été beaucoup trop préconisés et
vantés. Nous voulons parler des récoltes enterrées en vert. D'après les principes exposés
dans cet ouvrage, on comprendra en effet que
ce genre d'engrais, composé de matières
parvenues seulement au premier degré de
transformation des principes vitaux élémentaires en substance organique, doit rendre à
la terre des matières similaires du premier
degré d'organisation végétale, et ne peut par
conséquent servir qu'à l'assimilation de substances analogues, c'est-à-dire à la formation
des végétaux jusqu'au même degré de croissance auquel ils étaient eux-mêmes parvenus.

En un mot, l'herbe verte ne rend à la
terre que des principes herbacés simples, qui

ne produiront que de l'herbe au même degré d'avancement organique ; et comme une partie de cette production végétale a été empruntée au sol auquel on la rend, il en résulte que ce même sol ne profite réellement que des seuls principes fertilisants empruntés à l'air par les végétaux enfouis.

On le voit, la valeur de cet engrais peut souvent être réduite à bien peu de chose ; c'est plutôt comme amendement, en soulevant et divisant le sol, qu'il donne de bons résultats dans certaines circonstances que comme engrais, puisque, comme nous venons de l'expliquer, la puissance productive rendue à la terre lui a été en partie empruntée et ne s'étend pas d'ailleurs au-delà de la réproduction de matières similaires aux matières enterrées.

Enfin les substances animales de toute espèce mélangées aux matières végétales, les fumiers proprement dits, méritent de notre part une plus sérieuse attention : car leur qualité, leur nature et leur forme pouvant varier à l'infini, l'art du chimiste agricole consiste surtout à tirer de ces différences, par un emploi judicieux, le parti le plus utile à l'accomplissement et au succès de son œuvre.

Mais surtout qu'on le remarque bien, c'est seulement relativement à leur action mécanique que nous admettons cette nécessité pour l'agriculteur, de veiller à la préparation de ses fumiers et d'en diversifier la forme matérielle.

En effet, il lui faut, suivant la nature de ses terres, des engrais divisés et pailleux ou consommés et onctueux.

Quant à la nature des fumiers, c'est-à-dire quant aux matières organiques, animales, végétales ou gazeuses qu'ils contiennent, toutes les préparations qu'on peut leur faire subir ne sauraient rien y ajouter.

Nous allons plus loin, nous avançons et nous soutenons que la fermentation qu'ils éprouvent quand on les met en tas, fermentation tant louée et prônée par tant d'auteurs et de praticiens comme extrèmement utile, est au contraire essentiellement nuisible.

Que se passe-t-il, en effet, pendant ce phénomène de la fermentation ? une grande chaleur s'établit, l'humidité se dégage sous forme de vapeurs et les gaz s'exhalent; or ces gaz sont les principaux agents de l'opération chimique à laquelle ces fumiers sont destinés.

Évidemment ces gaz ne sont pas perdus, car rien ne se perd dans la nature ; ils retournent à leur source première, au vaste réservoir primitif de tous les principes de la vie, à l'air, dont par la loi de l'affinité, la masse tend sans cesse à resaisir, avec le secours de l'eau et du feu, c'est-à-dire de l'humidité et de la chaleur, ces principes que la terre lui emprunte sans cesse aussi à l'aide de la végétation; ils y retournent pour recommencer le grand rôle qu'ils remplissent sans interruption dans la nature depuis le commencement de la vie organique sur la terre, mais ils sont perdus pour l'opération spéciale à laquelle nous les destinions; ils serviront à un autre usage que celui auquel nous voulions les employer. Evidemment , en facilitant, en forçant même leur dégagement par la fermentation , nous avons agi contre notre but et contre nos intérêts.

Partant de ce principe invariable et incontestable , que les corps simples préexistant dans la nature ne peuvent se combiner et s'organiser que par le travail de l'assimilation végétale et animale, il est facile de reconnaître que les matières organiques dont le fumier est composé ne peuvent plus absorber aucun principe assimilable quand , par leur séparation de la matière vivante ou du récipient terrestre , elles cessent d'être en communication directe avec le foyer de ces principes ; dès ce moment elles ne peuvent plus rien recevoir de la vie , elles doivent tout lui rendre. Leur organisation est terminée, leur désorganisation commence et prépare les voies à la réorganisation.

On le voit donc , non seulement aucune

préparation ne peut rien ajouter à l'action vivifiante des fumiers ; mais, au contraire, en favorisant la fermentation par le développement de la chaleur, on hâte en pure perte leur décomposition, c'est-à-dire le travail par lequel elles deviennent propres à rendre sous différentes formes à la vie organique les diverses substances qu'elles en avaient reçu.

Tous les efforts des agriculteurs doivent donc tendre à conserver le plus possible dans les matières organiques en décomposition les principes féconds, les gaz vitaux, jusqu'au moment où ils pourront les faire servir directement, et immédiatement par l'assimilation à la nourriture et au développement d'autres êtres organisés qu'ils ont intérêt à produire.

Dès-lors il faut éviter avec soin tout ce qui peut causer l'exhalation de ces principes, le dégagement de ces gaz, sans rien ajouter aux qualités de l'engrais. Et comme sans la chaleur et les courants d'air il n'y a pas d'évaporation possible, comme par la dessication les matières organiques ne perdent aucuns de leurs sels, mais seulement leur eau combinée, on est naturellement amené à cette inévitable conclusion, — la dessication à couvert est le seul moyen de conserver au fumier tous ses principes fertilisants et toutes ses qualités jusqu'au moment de son emploi à l'opération dans laquelle il doit jouer le principal rôle.

Mais comme il est impossible de dessécher ainsi le fumier, on devra au moins empêcher avec soin toute fermentation dans le tas, et pour cela le meilleur moyen c'est de le porter dans les champs et de l'enfouir au fur et à mesure de sa production dans les étables. Si on ne pouvait pas l'enfouir, il faudrait le mettre en petits tas dans lesquels la chaleur ne pourrait pas s'établir, ni la décomposition se hâter.

Beaucoup d'agriculteurs opposeront l'expérience de leur pratique à ce système; ils soutiendront avec force et conviction que les fumiers réduits à l'état onctueux par la fermentation et la décomposition, agissent avec plus d'énergie sur la végétation à laquelle on les applique directement et immédiatement. Nous en convenons, c'est là un fait reconnu comme incontestable dans la pratique ; mais ce fait, loin de le détruire, renforce et consacre le principe dont nous avons déduit les conséquences qui lui sont opposées.

Bien certainement le fumier ainsi consommé et décomposé, lorsqu'on le mélangera dans le récipient et l'appliquera immédiatement à une végétation quelconque, produira sur cette végétation des effets plus énergiques et plus prompts que celui à l'état naturel appliqué de même immédiatement à cette végétation : cela se conçoit et s'explique aisément. Dans le phénomène de la fermentation s'est opéré rapidement le travail qui rend ces matières organiques propres à l'assimilation par d'autres êtres organisés, travail qui s'opère, au contraire, lentement dans la terre lorsque ces matières lui sont confiées avant d'avoir subi la fermentation. Il est évident que si, dans cet état de décomposition forcée par la fermentation , ces fumiers fournissent une plus grande somme de matières *actuellement* assimilables , ils contiennent une somme totale de matières propres à l'assimilation bien moindre que ceux qui, n'ayant pas subi l'action désorganisatrice de la chaleur, n'ont pas perdu par l'évaporation et la sublimation une grande partie de leurs gaz les plus précieux.

Dès-lors, si l'action de ces fumiers est plus prompte et plus énergique, elle sera aussi bien moins durable ; et en résumé il y a une valeur productive réelle exhalée en pure perte.

En effet , si une partie de fumier donnée contient mille mètres cubes de gaz ou matières assimilables , il faudra trois ou quatre ans peut-être pour qu'elle rende peu à peu à la vie organique ces gaz ou matières par le travail lent et graduel de la décomposition naturelle ; dès-lors cette partie de fumier livrera successivement à la végétation ces mille mètres cubes de principes fertilisants , soit ,

par exemple , quatre cents mètres cubes la
première année , trois cents la seconde , deux
cents la troisième et cent la quatrième ; mais
si, par une fermentation artificielle et forcée ,
vous rendez ces mille mètres cubes presqu'entièrement assimilables en peu de temps, il
s'ensuivra que, pendant le travail de cette
fermentation, une grande quantité , soit , par
exemple, trois cents mètres se dégageant de
la masse s'exhaleront inutilement ; mais aussi ,
sur les sept cents mètres restant , six cents
peut-être seront immédiatement assimilables
et assimilés : et voilà pourquoi la végétation
de cette première année sera plus belle et
plus vigoureuse ; mais il ne restera plus après
elle dans le récipient que cent mètres cubes ,
et entre la première opération et la seconde
il y aura toujours une perte réelle de trois
cents mètres cubes , soit le tiers de la valeur
intrinsèque du fumier.

Nous croyons rester beaucoup au-dessous
de la vérité en évaluant cette perte au tiers :
et nous le pensons, on peut , dans bien des

cas , la porter à moitié , surtout dans les pays encore si nombreux où l'on transporte le fumier une fois seulement par an sur les terres, et où , par suite d'une longue décomposition activée par la fermentation , il se trouve réduit à l'état onctueux et se coupe à la bêche comme le beurre au couteau.

Cette absurde méthode fait perdre à ceux qui la pratiquent des produits énormes ; aussi elle est en usage dans les contrées seules où une aveugle et funeste routine semble condamner la terre à une éternelle et déplorable stérilité.

Observons ici en passant que , dans ce calcul fait pour expliquer mathématiquement notre pensée, nous ne tenons compte ni des gaz qui sont absorbés par l'air, ni des divers principes fertilisants plus persistants destinés ainsi que nous le dirons bientôt, à former la fertilité durable du sol , en se décomposant à la longue en leur temps et suivant le rôle qu'ils ont à jouer dans cette grande œuvre de la fécondité terrestre.

13

Et de cette vérité démontrée de la différence dans la durée et dans le rôle des divers principes fertilisants contenus dans les engrais, on déduit ce puissant et irréfragable corrollaire, que la manière la plus rationnelle d'employer les engrais est celle qui se rapproche le plus de la nature, c'est-à-dire celle par laquelle on livre à la terre les matières organiques à leur état le plus simple, le plus naturel, afin qu'elle puisse les désorganiser successivement elle-même suivant ses besoins et ses lois.

Cependant il est certaines circonstances dans lesquelles l'agriculteur devra employer les fumiers ainsi consommés, c'est lorsqu'il les applique immédiatement à des plantes annuelles et gourmandes qui ont besoin, par conséquent, d'une nourriture abondante facilement et promptement assimilable. Dans ce cas, il s'agit seulement de calculer si le produit de ces plantes doit payer la dépense en fumier et main-d'œuvre, et prendre pour base de ce calcul l'absorption presque entière des parties fertilisantes du fumier employé.

Maintenant , considérant dans son ensemble le rôle joué dans le récipient par les matières animales et végétales en décomposition que nous y mélangeons avec les matières neutres , nous tirerons cette inévitable conséquence des principes que nous avons posés ci-dessus , — toutes ces matières organiques se décomposeront jusqu'à la dernière parcelle lentement, peu à peu et successivement, suivant leur nature , mais aucune ne sera perdue et toutes à leur tour reviendront à la vie pour retourner à la mort.

En thèse générale , le récipient ou l'argile et la silice étant neutres ou stériles et ne pouvant rien emprunter ou absorber des matières fécondes , tout ce que l'on mélange dans le récipient de ces matières jouera en son temps un rôle actif dans le grand travail organique de la nature. En un mot , si dans une terre ou récipient quelconque on porte cent mètres de matières fécondes , le récipient le rendra dans un temps donné à la vie , peu à peu , successivement et par parties , suivant la nature plus ou moins soluble de chacune d'elles, mais entièrement, sans réserve et sans en conserver la moindre trace ou parcelle.

Ainsi, de même que l'on peut porter à un très-haut degré la fertilité du récipient, on pourrait l'épuiser successivement jusqu'à extinction totale de force végétative, s'il était possible de l'empêcher de recevoir la pluie du ciel. Toutes les parties des matières animales ou végétales assimilables par les êtres organisés ou s'organisant retourneront donc successivement du récipient auquel nous les confions à la vie organique, suivant leur plus ou moins grande facilité pour se dissoudre ; c'est cette différence de propension à la dissolution de ces parties qui constitue essentiellement la fertilité durable de la terre, et voilà pourquoi plus les engrais sont puissants et énergiques et moins ils durent : c'est que presque toutes leurs parties, étant également solubles, se dissolvent en même temps et sont instantanément absorbées, soit utilement

par les plantes, soit en pure perte pour nous
par l'air, qui va les rendre en d'autres lieux
à une autre végétation.

Le cultivateur devra donc apporter la plus
grande attention à ce point important de la
différence dans la facilité de décomposition
des diverses parties des engrais qu'il emploie.
Il devra chercher à retarder ou à augmenter
cette facilité, suivant la nature des plantes
ou les efforts qu'il demande à la terre, et la
chimie agricole lui en fournira encore les
moyens, ainsi que nous l'indiquerons bientôt
en nous occupant des amendements.

Dans cette propriété particulière à chaque
partie des engrais de se décomposer et dissoudre plus ou moins vite, nous trouvons
encore une étude à faire pour amener notre
terre ou récipient à ce point de fertilité aussi
énergique que durable qui en est le *nec plus
ultra*.

En effet, pour rendre une terre réellement
et foncièrement fertile, il ne suffit pas de
lui appliquer immédiatement et tout à la fois

une quantité d'engrais théoriquement et mathématiquement suffisante pour atteindre ce
but. Nous croyons qu'il est aussi impossible
de créer une grande fertilité tout d'une pièce
qu'un cheval ou un arbre. Tout est progressif et graduel dans la nature et soumis à un
travail lent et régulier. La fertilité réelle et
complète d'une terre se compose d'une infinie
diversité de matières fécondes ayant chacune
leur mission, leurs propriétés et leur emploi
dans le grand travail organique, suivant leur
nature, leur âge et leur état plus ou moins
avancé dans la décomposition.

Ainsi, nous n'en doutons pas, on obtiendra de bien meilleurs et plus durables résultats en fumant une terre peu et souvent,
qu'en la fumant beaucoup et rarement; ou,
pour mieux expliquer notre pensée, il vaut
mieux appliquer à une terre une quantité de
fumier donnée en trois ans et par tiers chaque année, que de l'y répandre tout à la
fois.

Les principes généraux que nous avons posés et les conséquences qui en découlent ne permettent pas le moindre doute à cet égard.

Cette opinion est, du reste, celle de beaucoup d'auteurs anciens et nouveaux. Columelle et Palladius s'expliquent à cet égard d'une manière bien claire et bien positive.

Columelle dit : *Licet majorem fructum percipere si frequenti et modica stercoratione terra refoveatur* (1) ; et Palladius : *Nec prodest nimium stercorare uno tempore sed frequenter et modice* (2).

N'est-ce pas ainsi, d'ailleurs, qu'agit la nature, ce grand maître que nous devons chercher à imiter autant que possible? Comment entretient-elle la fertilité permanente des forêts et des prairies naturelles, n'est-ce pas par une légère et annuelle couche d'engrais provenant du détritus des arbres et des herbes et du limon des eaux? Et en examinant at-

-----

(1) On fera de meilleures récoltes en réchauffant la terre par une fumure moyenne, mais réitérée.

(2) Il n'est pas avantageux de fumer beaucoup en une seule fois, mais bien de fumer peu et souvent.

tentivement ces diverses couches de feuilles mortes retournant, par la décomposition, aux branches dont elles sont tombées, on peut suivre ce travail lent et graduel de dissolution dont nous parlions ci-dessus.

L'agriculteur doit imiter ce sage et salutaire exemple de la nature ; il doit composer la fertilité de sa terre, pour ainsi dire, par couches annuelles, car toutes ces couches ont leur temps, leur rôle et leur but dans le grand travail de l'organisation végétale, et surtout dans celui de l'assimilation des corps qui, pour être complètement absorbés et transformés, doivent subir suivant leur nature une préparation plus ou moins longue dans le sol, comme les aliments dans l'estomac des animaux.

L'homme peut vivre, à la rigueur, en faisant un seul repas très-copieux par jour, mais le travail de la digestion sera plus pénible ; les matières moins bien élaborées seront plus difficilement, moins complètement assimilées et toute la machine en souffrira,

Si au contraire il consomme en deux repas, à des distances convenables, autant d'aliments qu'il en a pris en un, la digestion se fait lentement et graduellement, les matières s'élaborent et s'assimilent successivement et aussi complètement que possible ; enfin le travail de la digestion est régulier, facile, et tout l'être en ressent les favorables effets. Il en est de même de la végétation, car la terre est l'estomac des plantes.

Nous pourrions nous étendre bien longuement encore sur ce sujet si important et si intéressant pour les agriculteurs, la théorie des engrais, mais nous espérons et même nous croyons nous être fait suffisamment comprendre. Si nous n'avons pu parvenir à expliquer bien clairement notre système, à le formuler en termes précis et explicites, du moins, nous n'en doutons pas, nos lecteurs ont saisi notre pensée ; nous avons jeté dans leur esprit un germe fécond qui, en s'y développant rapidement par la réflexion et l'expérience, doit amener les plus heureux résultats pour l'art de l'agriculture encore à son enfance en tant de lieux.

Nous avons essayé de vous tracer par de longs travaux un étroit et pénible sentier vers le progrès et la perfection ; c'est à vous maintenant, jeunes agriculteurs nos émules, à l'agrandir, à en faire une vaste et large carrière. Allez, marchez sur nos traces d'un pas ferme et constant ; vous avez du temps, du terrain et de l'espace devant vous.

Avant de quitter la question des engrais, nous croyons devoir dire un mot sur une absurde pratique long-temps et hautement préconisée, et aujourd'hui encore en honneur dans bien des lieux. C'est de cette méthode de composition d'engrais nommée *compost*, que nous voulons parler.

Ces inutiles et coûteux composts ont dû leur naissance au charlatanisme qui s'est introduit dans l'agriculture comme dans toutes les autres sciences, dont il est l'inévitable *parasite*. Et comme à tous les charlatanismes il faut nécessairement des recettes et des formules, ou sans cela point de charlatans, les nôtres ont exercé principalement leur art sur les engrais, qui sont la partie formulaire de la pharmacopée agricole.

Nous n'examinerons pas ici les divers composts indiqués par les différents auteurs, car, nous le répétons, nous ne connaissons rien de plus absurde que cette opération. Comment les hommes instruits qui ont écrit sur l'agriculture n'ont-ils pas reconnu que de prendre dans les champs et transporter à grands frais de la terre sur le fumier, pour ensuite reporter la terre et le fumier dans les champs, c'était une fausse et ruineuse manœuvre?

Si vous voyez un jardinier apporter la terre de son jardin qu'il veut arroser à la rivière pour l'y mélanger avec l'eau, et puis reporter le tout dans son jardin, vous diriez certainement cet homme n'a pas toute sa raison. Les agriculteurs, en amalgamant des *compost,* agissent-ils plus sagement que lui?

Ils apportent une matière lourde et stérile sur leurs fumiers pour lui en faire absorber les sucs, et puis ils reportent le tout dans le champ où ils ont pris la terre ; mais ajoutent-ils ainsi la moindre parcelle fertilisante à la masse ? Non.... ils ont apporté le récipient au-devant des matières, au lieu de porter les matières au récipient, il en résulte que, sans aucun avantage, ils ont un double transport à faire de matières stériles, transport entièrement en pure perte de temps et d'argent.

Il en est de même pour la chaux que l'on mêle au fumier dans ces malheureux *composts*, et peut-être même l'inconvénient est-il encore plus grand. En effet, si la chaux est moins pesante et s'il en faut une moins grande quantité, mise en contact avec les matières animales elle les dissout trop promptement et sans utilité ; elle a les mêmes dangers et les mêmes inconvénients que la fermentation.

Laissez donc les composts aux charlatans en agriculture, cultivateurs sérieux, qui savez comprendre les causes et les effets de chaque chose.

Portez votre fumier et votre chaux dans la terre en leur temps et lieu , mais n'apportez dans aucun temps ni lieu de la terre dans vos fumiers.

Car si la terre a tout à recevoir et à faire du fumier, le fumier n'a rien à faire ni à recevoir de la terre.

En un mot , porter la terre à l'engrais , c'est porter la mort à la vie ; donner l'engrais à la terre , c'est donner la vie à la mort.

Par les mêmes motifs que nous avons ci-dessus exprimés , il est extrèmement nuisible pour la qualité des engrais de les laisser exposés à la pluie , dont l'eau les lave et entraîne une grande partie de leurs sucs et de leurs principes fertilisants. Comme il est souvent fort difficile de les en préserver, c'est une raison de plus pour suivre le conseil que nous avons donné de les transporter et de les enfouir le plus tôt possible dans la terre qu'ils sont destinés à engraisser et à fertiliser.

Dès-lors, il est facile de le comprendre ,

tous les moyens jusqu'à ce jour indiqués et préconisés pour arroser les fumiers, soit avec leurs propres eaux, soit avec des eaux étrangères, loin d'en augmenter la qualité la détériorent souvent et sont toujours plutôt nuisibles qu'utiles ; car bien que ces eaux soient chargées de principes fertilisants, il y a toujours la main-d'œuvre d'arrosage en pure perte. Comme nous l'avons expliqué ci-dessus, il serait plus simple et moins coûteux de transporter ces eaux grasses directement sur la terre que de les y porter mélangées avec le fumier : ce mélange n'ajoutant en définitive rien à la propriété fertilisante des matières ainsi réunies, et pouvant même devenir nuisible en favorisant par le développement de la fermentation la décomposition prématurée et par suite l'évaporation des gaz et autres principes féconds.

Ainsi, pour arriver promptement et d'une manière sûre à son but, l'agriculteur devra préserver ses fumiers de la chaleur qui les épuise par la fermentation, et de la pluie qui les affaiblit par le lavage ; il les portera dans le récipient et les y enfouira et mélangera sans retard après les y avoir répandus le plus également possible ; il devra dans ce mélange avoir surtout égard à la nature de l'engrais par rapport à celle de la terre et des productions qu'il veut obtenir de leur union , et ne pas perdre de vue dans cette combinaison les principes invariables que nous avons posés et les conséquences naturelles que nous en avons déduites.

AMENDEMENTS.

Après avoir mis avec discernement dans le récipient ou dans la terre neutre les engrais animaux et végétaux employés, soit seuls, soit mélangés ensemble sous le nom de fumier, l'agriculteur chimiste a rempli la principale condition de succès dans l'opération qu'il médite , mais il n'a pas entièrement complété son œuvre.

Ainsi que nous l'avons vu dans l'accomplissement du grand travail primitif par lequel s'est formée la fertilité de la terre, la matière calcaire et toutes ses combinaisons jouent un rôle actif et puissant dans le développement et dans l'action de cette fécondité. La chaux agit dans cette œuvre de deux manières également essentielles, également utiles au but proposé.

En divisant l'alumine et en absorbant l'eau, elle rend la terre plus légère et plus facile à manipuler et lui enlève son humidité surabondante; son action, dans ce cas, est purement mécanique, mais n'en est pas moins utile : la préparation de la terre ou récipient à l'œuvre de la végétation se composant de deux opérations bien distinctes, la composition ou la réunion préalable des diverses matières indispensables à cette végétation, et la manipulation ou les diverses opérations nécessaires pour rendre la terre ou récipient propre à recevoir, à porter et à nourrir les germes qu'on lui confie. Or, une de ces prin-

cipales conditions d'une bonne manipulation ,
est de diviser la terre préparée pour la rendre facilement pénétrable aux racines, à l'eau ,
à l'air, à la chaleur et à toutes les influences
atmosphériques résultant de la combinaison
de ces trois principaux et indispensables éléments de toute vie organique sur la terre.

La chaux, étant un puissant et efficace divisant , est donc pour nous une matière précieuse dans bien des cas , indispensable dans
beaucoup d'autres.

Mais ce n'est pas seulement comme divisant ou comme agent mécanique que la matière calcaire joue un rôle important dans la
grande œuvre dont nous nous occupons.

Combinée avec l'acide carbonique et sous
le nom de carbonate de chaux , elle agit
comme dissolvant sur les matières organiques végétales et animales ; et en activant
leur décomposition par un travail qui lui est
propre, elle les rend plus facilement et plus
promptement assimilables aux plantes, et par
conséquent elle active et favorise la végéta-

tion. Elle agit dans le récipient comme les sucs salivaires agissent dans l'estomac des animaux, et nous la croyons aussi nécessaire dans bien des circonstances à l'assimilation végétale, que la salive à l'assimilation animale.

L'amendement calcaire est donc un des plus indispensables agents du grand travail par lequel s'opère, à l'aide du récipient terreux et du mélange dans son sein de diverses substances organiques, le phénomène de la végétation; phénomène dont l'accomplissement est le but principal de l'agriculture, puisque le règne végétal est le premier et le plus indispensable anneau de cette puissante chaine qui lie entre elles toutes les existences organiques dans l'univers à l'aide de la terre, de l'air, du feu et de l'eau.

De l'air et de la terre aux plantes, des plantes aux animaux, des animaux à l'air et à la terre: voilà le cercle éternel et sans fin par lequel passent, à l'aide de l'action combinée de la chaleur et de l'humidité, c'est-à-dire de l'eau et du feu, tous les principes organiques répandus dans la nature et doués de la faculté de se solidifier et de se volatiser alternativement, suivant le rôle qu'ils sont appelés à jouer momentanément dans la grande œuvre de l'organisation de la vie végétale et animale sur la terre.

Si cette double propriété de la chaux comme agent mécanique et chimique et sa puissance dans ses deux opérations essentielles la rend extrêmement précieuse pour l'agriculteur chimiste, elles doivent aussi l'engager à apporter la plus sérieuse attention à son emploi ; car il est facile de comprendre que l'excès d'une matière tellement énergique peut devenir aussi nuisible a la terre que son usage modéré peut lui être avantageux. Non seulement cet amendement appliqué en trop grande quantité pourrait nuire pour long-temps à notre œuvre de composition, en donnant à notre mélange trop de légèreté et de siccité, mais, en activant outre mesure la décomposition des matières organiques, il peut compromettre de la manière la plus fatale le succès de l'opération tout entière ; et comme il est très-difficile de rémédier à une semblable faute, une fois commise, on ne saurait apporter, nous le répétons, trop de circonspection dans l'emploi de cette substance active.

L'agriculteur chimiste aura donc à considérer dans cet emploi l'état primitif de la terre ou récipient ; il s'assurera, à l'aide d'un procédé chimique connu de tout le monde, l'épreuve par l'acide nitrique ou simplement par du fort vinaigre, de la quantité de carbonate de chaux entrant dans la composition naturelle du récipient, et ensuite de celle contenue dans l'amendement employé, soit marne, soit chaux proprement dite, soit débris de coquillages, falun ou autres.

Quand il connaîtra ces deux qualités respectives, il agira en conséquence ; il proportionnera la dose de l'amendement aux effets qu'il veut en obtenir, soit comme divisant et desséchant, soit comme dissolvant, c'est-à-dire à la ténacité, à l'humidité et à la richesse en humus des matières formant le récipient. Ainsi, plus la terre sera compacte, molle et riche en matières organiques, plus il devra mettre, mais toujours dans une sage proportion, de carbonate de chaux et plus il en obtiendra de bons résultats ; et plus elle sera légère, sèche et peu riche en humus, moins il devra y mêler cet amendement, qui pourrait même dans certains cas devenir alors fort nuisible.

Le meilleur de tous les amendements calcaires, parce qu'il est formé et préparé par la nature, c'est la marne ou carbonate de chaux mélangé naturellement à la silice et à l'alumine dans des proportions extrêmement variables, proportions qui témoignent hautement de toute la sollicitude prévoyante de la providence qui, pour éviter à l'homme bien de la peine et du travail, a mis en tant de lieux sous sa main d'immenses dépôts de cette matière toute prête à être employée.

Elle nous a donné les marnes très-calcaires pour les terrains argileux et froids, les marnes argileuses pour les terrains légers et chauds : c'est à nous de faire notre choix et de les appliquer avec discernement. Les instructions que nous venons de donner aideront puissamment l'agriculteur chimiste dans ce choix et dans son application. Il ne devra jamais oublier dans ses combinaisons que son but est la composition par le mélange du meilleur récipient possible pour l'opération chimique qu'il se propose, le parfait accomplissement du phénomène de la végétation.

Outre le *carbonate de chaux*, il existe plusieurs autres amendements puissants, mais plus rares et plus coûteux, tels sont le plâtre ou *sulfate de chaux*, dont nous aurons à nous occuper spécialement dans le cours de cet ouvrage, les cendres pyriteuses, celles de bois, de tuilerie, de tourbe, la suie de cheminée, le sel et autres. Tous ces amendements ont joué un rôle actif dans l'œuvre primitive de la fertilisation de la terre : le plâtre, comme existant dès la formation de la matière calcaire par sa combinaison avec l'acide sulfurique, un des principaux agents de la végétation; les cendres de diverses espèces, comme ayant été mélangées à la terre par les volcans et par l'incendie des forêts et des hautes herbes des prairies; et le sel, par l'irruption momentanée, dans les grandes marées, des eaux de la mer sur les terres, ou leur mélange accidentel avec les eaux douces des lacs, où elles activaient le grand travail de la décomposition organique en vue de sa réorganisation.

Comme l'opération qui nous occupe est une imitation aussi parfaite que possible de la grande opération naturelle que nous avons essayé de décrire et que l'art de l'agriculture est appelé à continuer, nous ne devons négliger aucun de ces précieux amendements dont la nature employa le concours dans son œuvre.

Tous, comme la chaux, ils agissent de deux manières, mécaniquement et chimiquement; seulement leur action chimique varie suivant leur composition, à laquelle l'agriculteur devra apporter une sérieuse attention pour les combiner et les employer le plus utilement possible au but qu'il se propose.

Au reste, toutes les matières assimilables contenues dans ces divers amendements sont absolument les mêmes que celles contenues sous une autre forme dans les diverses substances organiques qui forment les engrais. Ce sont toujours les mêmes bases et les mêmes principes, les combinaisons seules varient et avec elles la forme, le nom et les propriétés.

L'agriculteur chimiste devra donc apporter dans leur emploi la même attention, les mêmes calculs et le même discernement que dans celui du calcaire, sous peine de s'exposer à compromettre son œuvre par une faute non moins funeste et non moins difficile à réparer.

Après ces divers amendements ayant deux actions distinctes, l'action mécanique et l'action chimique, nous devons dire un mot d'une espèce d'amendement n'ayant qu'une

seule de ces actions, celle mécanique. Nous
voulons parler de la silice et de l'alumine
s'amendant l'une par l'autre. Ce genre d'amendement, peu usité, est cependant très-puis-
sant et mérite d'attirer la sérieuse attention
des chimistes agriculteurs. Le mélange des
terres nous paraît une œuvre capitale dans
l'opération chimique de la préparation du récipient à l'œuvre de la végétation. La terre
proprement dite, c'est-à-dire la base du récipient, en forme la partie la plus considérable et la plus essentielle, c'est donc sur
elle que doivent se porter d'abord l'attention
et les efforts de l'opérateur ; et quoi de plus
simple et de plus rationnel que d'opposer dans
le récipient de la silice à l'excès d'alumine,
et de l'alumine à l'excès de silice. Cette opération est d'autant plus facile que presque
partout la nature prévoyante a mis ces deux
matières l'une auprès de l'autre.

Parmi ces amendements il en est un, le
sel marin, *hydro-chlorate de soude*, dont l'emploi est rare à cause de sa cherté, et dont

l'efficacité relative n'a pas été, par cette même cause, suffisamment constatée en France. Cependant d'après les principes fondamentaux de l'assimilation des corps simples par les corps s'organisant, on ne peut douter que le chlore et l'alcali n'aient aussi leur rôle et leur utilité dans l'œuvre de l'organisation végétale, puisqu'évidemment beaucoup de plantes contiennent du sel latent dans le but de le transmettre par l'assimilation au règne animal, auquel il est indispensable, et dans les sécrétions duquel il se retrouve en si grande quantité, surtout dans certaines espèces. Espérons donc que le Gouvernement prendra enfin des mesures pour mettre le sel à la portée de l'agriculture ; et, en attendant, nous engageons les cultivateurs à se préparer à son judicieux emploi en grand, en faisant en petit des expériences sur leurs diverses récoltes.

Le sel, étant une substance âcre et délétère, doit être toujours employé en petite quantité ; sans cette précaution, il serait pour les plantes un véritable poison, il en corroderait les vaisseaux et les tissus ; car les plantes sont comme les animaux des êtres susceptibles d'être empoisonnés par l'absorption de substances âcres et corrosives.

Nous devons faire observer ici, en finissant cet article relatif aux amendements, que la silice et l'alumine, bien que reconnues par nous comme des matières primitives et neutres et ne contenant aucun principe fertilisant, jouent cependant, et surtout la silice, un rôle actif dans l'assimilation végétale par leur combinaison avec d'autres substances.

Si l'on en croit le célèbre chimiste allemand Liebig, dont nous avons déjà parlé, la silice surtout, par sa combinaison avec la potasse, aurait, sous le nom de *silicate de potasse*, la plus puissante et la plus favorable influence sur la végétation. Mais, nous le répétons, notre intention n'est pas d'entrer dans la discussion de ces problèmes dont la solution amène entre les savants de l'Europe de si intéressants débats qui seront long-temps encore sans doute sans résultats décisifs. Nous sa-

vons que les corps simples forment par leur
combinaison les corps composés ; nous savons
que les substances organiques sont de préférence absorbées et assimilées par les corps
analogues organisés ou s'organisant : cela nous
suffit pour exercer avec succès la pratique
de notre art, en laissant aux habiles et
laborieux savants dont nous avons parlé la
tâche, si difficile et si belle, de rechercher
et de reconnaître enfin comment s'opèrent réellement ces combinaisons des corps simples
et leur absorption et assimilation par les
plantes.

Pour nous, il nous suffit de connaître l'existence de ces diverses opérations de la nature,
et notre seul but dans cet ouvrage est d'enseigner à en tirer le meilleur parti possible
dans l'état actuel des connaissances humaines.

Notre opération première et capitale, celle
qui doit précéder et préparer toutes les autres, la composition du récipient est terminée. Nous avons, en modifiant la silice par
l'alumine ou l'alumine par la silice, en mé-

langeant avec elle des matières organiques
de toute espèce et des amendements de diverse nature en quantité suffisante pour le rôle qu'ils sont appelés à jouer dans notre œuvre, nous avons, disons-nous, opéré la composition la plus parfaite qu'il nous a été possible du récipient dans lequel doit s'accomplir le phénomène que nous avons en vue, mais nous avons ainsi accompli seulement la moitié de notre tâche. Nous devons manipuler ces matières, en rendre le mélange le plus parfait, le plus intime possible pour en activer les effets, nous devons enfin rendre ces matières, en les divisant, plus perméables à l'eau, à la chaleur et à l'air, afin que les plantes puissent en y enfonçant graduellement leurs racines y trouver sans peine tous les éléments nécessaires à leur accroissement et à l'accomplissement de leur mission dans la nature.

Cette manipulation ce sont les labours, les hersages, toutes les façons enfin que reçoit la terre, soit à la main, soit à l'aide de la force des animaux.

Nous allons nous occuper de ces diverses opérations dont l'importance est comprise de tout le monde, mais dont malheureusement l'exécution est presque toujours non seulement fort peu soignée, mais entièrement opposée à la raison et quelquefois absurde.

Nous ne parlerons pas des labours à la main, les plus parfaits et par conséquent les plus fructueux et les mieux appliqués de tous. Dans l'état actuel de la société française la rareté et par suite la cherté relative des ouvriers, interdit à la grande culture, la seule dont nous ayons à nous occuper, l'emploi des bras de l'homme à la manipulation directe de la terre, elle en borne l'usage à la récolte de ses produits, et même ses efforts tendent de plus en plus à s'affranchir de cette coûteuse et tyrannique nécessité qui met l'agriculteur à la merci du caprice de gens souvent mal intentionnés et toujours avides et mécontents de leur salaire. Nous nous occuperons donc seulement de la manipulation de la terre à l'aide d'instruments traînés par des animaux , et suivant en cette matière une marche naturelle et régulière , nous commencerons par les agents animés de cette manipulation , en un mot , nous mettrons les bœufs avant la charrue , et le bouvier avant les bœufs.

Ici nous touchons du doigt une des plaies les plus profondes et les plus dangereuses de l'agriculture , la domesticité ; nous rencontrons en elle un des plus grands obstacles à vaincre par les agriculteurs , obstacle devant lequel on en voit beaucoup se décourager ; et nous l'avouons , ce n'est pas sans raison , car comment marcher à un but donné , si non seulement l'on est mal secondé par les adjoints indispensables que nous impose la force des choses , mais encore s'ils viennent, par leur entêtement, leur mauvaise volonté et leur ignorance souvent volontaire , augmenter et compliquer sans cesse les difficultés de toute nature que rencontre à chaque pas sur son chemin l'homme de cœur et de talent qui a voué sa vie à cet art si beau , mais souvent si ingrat et toujours si difficile dont nous écrivons les principes.

Nous voici naturellement amenés par le sujet dont nous sommes occupés, sur le terrain brûlant d'une des plus graves et des plus importantes questions sociales dont la solution divise depuis long-temps les hommes les plus éminents par leur savoir et leur capacité, celle de l'instruction répandue parmi les hommes que leur position rend naturellement et forcément inaptes à profiter de ses bienfaits, et dont elle aggrave souvent le pénible sort, en faisant naître dans leur cœur l'ambition presque toujours trompée de sortir d'une position sociale dont ils ont appris à connaître et à comprendre l'humiliante infériorité et les injustes désavantages.

Cette question, nous la prendrons de son point de vue le plus élevé, et nous la traiterons dans toute sa grandeur avec toute l'impartialité et toute la liberté d'esprit qu'elle réclame.

Personne plus que nous ne désirerait voir

tous les hommes égaux en bonheur, vivre fraternellement sur la terre, leur patrie et leur propriété commune ; mais, hélas ! c'est là une décevante utopie, c'est le rêve d'un homme de bien.

L'égalité absolue des hommes est exclusive de toute idée, de toute possibilité d'association.

Si elle a jamais existé, elle a précédé l'établissement des sociétés, ou du moins elle les bornait à la famille ; si elle pouvait renaître, elle entraînerait à l'instant même la dissolution complète de toutes les sociétés humaines.

Il est évident que du jour où les hommes ont formé des associations pour s'entr'aider dans leur faiblesse et leurs besoins toujours croissants l'un par l'autre, l'inégalité sociale a commencé. La société est devenue une grande famille, et dans la famille les pouvoirs, les droits et les devoirs sont différents. Le père commande, les enfants obéissent, servent et se partagent le travail suivant leurs forces et leur capacité.

En se réunissant en famille, les hommes ont dû nécessairement en accepter les règles et les lois ; car sans ces règles et ces lois la famille ne saurait exister un instant. Ils ont dû s'en partager les rôles, les charges et les devoirs : au plus puissant, ils ont décerné l'autorité paternelle ou royale ; puis, entre les sujets, ils ont divisé les charges des enfants ; et là encore le droit du plus fort a prévalu dans le partage.

C'était la force corporelle qui réglait les rangs alors, aujourd'hui ce sont les droits acquis ou l'habileté pour les acquérir.

Il paraît donc juste au premier coup-d'œil d'ouvrir à tous les hommes la même carrière et de leur donner à tous, autant que possible, si non les droits acquis dans la société, du moins le pouvoir et les moyens de les acquérir.

Cela est vrai et satisfait également l'équité naturelle et l'amour de l'humanité, mais malheureusement cela ne peut être : la société ne subsiste qu'à certaines conditions impérieuses, absolues et même tyranniques, auxquelles il serait impossible de rien changer, sans la désorganiser tout entière. Il existe entre ses diverses classes une distance nécessaire et un niveau différent dont le maintien est indispensable, non seulement à sa prospérité, mais encore à son existence. Tendre à rapprocher les distances de ces classes, à égaliser leurs différents niveaux, n'est-ce pas tendre à la dissolution de la société, en rompant l'équilibre social?

N'est-ce pas vouloir la ramener insensiblement à cet état primitif d'égalité, sinon d'homme à homme, du moins de famille à famille? c'est-à-dire à cet état de barbarie, d'ignorance et d'égoïsme qui constitue le règne du droit du plus fort, règne absolu et brutal d'un droit exhorbitant, insupportable, contre lequel les faibles ont cherché un refuge dans l'association ou dans la constitution de la société à l'instar de la famille, avec ses règles et ses lois, par conséquent avec l'inégalité dans les pouvoirs, les droits, les charges et les obligations de chacun de ses membres.

Cette inégalité est fâcheuse, injuste même, mais elle est une inévitable conséquence de l'association ; nous dirons plus, elle est écrite en caractères ineffaçables dans les lois immuables de la nature, où l'on ne voit jamais dans aucune espèce et dans aucune famille d'animaux ou de végétaux tous les individus de cette famille posséder au même degré les mêmes facultés ou les mêmes avantages de position.

Vouloir détruire entièrement cette inégalité, c'est rêver l'impossible ; chercher à l'effacer de plus en plus, c'est, nous le pensons du moins, une tentative dangereuse pour la société et plutôt funeste qu'avantageuse à la plupart des hommes dont on facilite ainsi le déclassement.

En effet, la société est soumise à de tristes et impérieuses misères, dont elle supporte l'humiliant fardeau à l'aide de l'abnégation et de l'avilissement d'une partie de ses membres. Quand l'instruction, en pénétrant dans ses dernières classes, y aura développé le sentiment de leur infériorité et le désir de l'égalité, quelles seront celles qui tendront avec le plus de force, d'énergie et de persistance vers le nivellement par le déclassement? ce seront naturellement les classes sur lesquelles pèsent le plus fortement les charges de l'inégalité sociale, c'est-à-dire les plus infimes et les plus misérables.

Et alors nous le demandons, que deviendra la société le jour où, éclairées sur leur avilissement et leur dégradation, ces classes repousseront les métiers pénibles et dégoûtants auxquels la misère et l'ignorance les condamnent encore aujourd'hui.

Que deviendront les villes et leurs habitants le jour où ces hommes que nous n'osons nommer se refuseront à en enlever les boues et les autres immondices ?

Ce jour là, sous peine de dissolution et de mort, la société se verra dans l'obligation de faire exécuter de force, par des condamnés, ces travaux dégradants dont s'affranchiront les hommes libres.... L'horreur et l'humiliation en seront augmentées pour les malheureux ainsi publiquement et journellement attachés au poteau de l'infamie ; et voilà comment la diffusion des lumières peut conduire à la dissolution sociale, et la reconnaissance absolue des *droits de l'homme* à l'esclavage.

L'extrême civilisation touche à la barbarie ; l'extrême liberté au despotisme.

Si un seul jour tous les hommes pouvaient être égaux, le lendemain, s'il existait encore des hommes, il n'y aurait plus parmi eux que des esclaves la chaîne au cou et des maîtres le fouet à la main.

Et cependant c'est évidemment à cet effet extrême que tendent les efforts généreux mais imprudents des partisans absolus de l'effusion des lumières dans toutes les classes de la société.

Nous avons dit que non seulement cette effusion serait dangereuse pour la société, mais encore peu avantageuse pour les classes en faveur desquelles on la demande. Cette opinion nous paraît facile à justifier.

En effet, s'il était possible de donner à tous les hommes une place égale au soleil de la civilisation, nous serions le premier à demander et à célébrer l'égalité et la fraternité des hommes sur la terre ; mais, hélas ! il n'en peut être ainsi ; et comme nous venons de l'expliquer, l'existence de la société est intimement liée à cette injuste mais impérieuse nécessité d'un partage inégal entre ses membres des charges et des avantages sociaux : pourquoi donc alors éclairer les classes mal partagées sur les misères de leur position et sur l'infériorité de leur lot ?

N'est-ce pas faire entrevoir le jour à un homme condamné à une cécité éternelle, et par conséquent lui faire comprendre toute l'étendue de son malheur et toute l'horreur de ses privations ?

Ainsi cette tendance de tous les hommes à se déclasser en portant toujours leurs re-

gards et leurs désirs au-dessus de la position
sociale qui leur avait été assignée, est non
seulement un véritable mal pour la société,
mal qui doit compromettre un jour son existence après avoir long-temps enrayé sa marche, mais elle est funeste aussi à un grand
nombre d'hommes auxquels, en développant
dans leur cœur les germes d'une ambition impossible à satisfaire, elle fait connaître des
chagrins, des désirs et des passions dont ils
étaient heureusement exempts. Du sentiment
de leur infériorité naîtront le dégoût, l'ambition, la jalousie et l'envie : ces tristes
passions empoisonneront les jours de tous et
en pousseront beaucoup au crime.

Voilà de grandes et tristes vérités. C'était
notre devoir de les dire, puisque nous avions
abordé cette brûlante et capitale question intéressant à un si haut point l'art de l'agriculture ; ce sera sur elle que se fera sentir
d'abord la réaction de l'instruction pénétrant
dans les masses : en montrant tout le danger
et tous les inconvénients de cette tendance

générale aujourd'hui à donner trop de lumière
aux derniers degrés de l'échelle sociale, nous
avons rempli notre devoir comme moraliste
et comme ami d'un art sérieusement menacé
dans ses fondements.

Mu par l'inflexible exigence de notre mission, nous avons mis au jour notre pensée ;
nous l'avons livrée nue et sans fard aux
méditations des hommes sérieux. Nous l'espérons, elle germera dans leur esprit, et un
jour elle portera des fruits.

Maintenant dépouillant ce caractère de cen-
seur impartial et sévère, nous ferons connaître nos sentiments personnels ; nous laisserons percer en nous l'homme de cœur et le
chrétien. En nous rappelant que, sans la rencontre d'un religieux qui sut deviner le grand
pontife sous la serge du pâtre, Sixte-Quint,
après avoir gardé les pourceaux, aurait sans
doute borné son ambition à vivre et à mourir valet de charrue ; en pensant à Catherine
la Grande, passant de l'évier d'une auberge
sur le trône de toutes les Russies, dont elle

sut tenir si habilement et si glorieusement le sceptre de cette même main qui avait lavé la vaisselle d'un cabaret : et, de nos jours, à Charles-Jean, roi de Suède, et à tant d'autres exemples d'une élévation subite, imprévue et cependant glorieusement justifiée, nous ne nous sentons pas la force d'insister pour fermer le chemin de la fortune et de la gloire à de nouveaux Sixte-Quint, à d'autres Bernadotte.

Si l'effusion des lumières dans toutes les classes de la société est un danger pour elle, il nous suffira de l'avoir signalé ; et, comme la plupart des hommes, nous nous abandonnerons doucement au penchant qui nous entraîne sans penser aux conséquences éloignées de notre faiblesse.

Laissons donc le champ libre à tous les hommes ; aidons-les même à s'élever du pied à la cime de l'arbre social, au risque de le voir un jour succombant sous le poids de ses sommités, s'écraser sur sa base affaiblie.

Ce temps est encore loin de nous ; en attendant, les heureux et les habiles qui se seront élevés par l'étude, le travail ou le hasard, prendront leur part du soleil et des fruits si doux de la civilisation.

Cette pensée, que tous les hommes sans exception peuvent venir s'asseoir au banquet des grandeurs sociales, satisfait le cœur et l'âme et doit imposer silence à la prudence qui montre le danger, à la raison qui voudrait qu'on le prévint à temps.

Cet esprit de déclassement auquel nous ne pouvons ni ne voulons nous opposer, en agissant lentement, insensiblement sur les masses, a déjà causé bien des dégoûts et suscité bien des difficultés aux hommes qui se livrent à la culture de leurs champs, et leur en suscitera malheureusement bien d'autres encore.

On trouve déjà très-difficilement des hommes et même des enfants pour remplir les rebutantes mais indispensables fonctions infimes de l'agriculture.

Les filles se révoltent contre la houlette

de bergère et contre le pot au lait des va-
chères. Ces demoiselles veulent toutes servir
dans les villes, ou au moins s'occuper du
ménage dans les fermes, et se refusent pour
la plupart à garder les moutons, à soigner et
traire les vaches.

Dans certaines contrées, on est obligé de
renoncer au labourage à l'aide des bœufs,
parce que les charretiers se trouvent humiliés
de conduire un semblable attelage.

C'est là, pour l'agriculture, un mal réel,
une plaie dangereuse et s'approfondissant chaque jour ; et cependant il faut bien l'accepter
et vivre avec elle, puisqu'il n'existe aucun
remède efficace à lui opposer.

Nous prendrons donc la domesticité dans
son état actuel, avec tous ses vices, son
exigence, son entêtement, son inconstance
et sa ridicule vanité, et nous tâcherons de
tirer le meilleur parti possible de ces rebelles et imparfaits instruments de notre art.

L'agriculteur, il faut bien le dire, peut par

sa conduite envers ses domestiques diminuer de beaucoup ces fâcheux inconvénients.

Tel maître sait se faire aimer, respecter et obéir par des domestiques que bien d'autres trouveraient ingrats, familiers et rebelles.

Les différents rapports des hommes entre eux dans l'état social, quelque soient du reste leur rang et leur position, sont un continuel échange des mêmes procédés et semblent tacitement régis par une espèce de loi morale du talion.

Si vous voulez être aimés de vos domestiques, montrez-leur de l'attachement et de l'intérêt.

Si vous voulez qu'ils vous respectent, respectez-vous vous-même d'abord ; et puis respectez-les dans l'exercice de leurs fonctions, quelles qu'elles soient.

L'homme se soumet à un métier abject ; mais il se révolte quand on lui en fait sentir trop vivement l'abjection.

Soyez sévères et justes, et vous serez obéis ; sachez louer et récompenser à propos, comme blâmer et punir. Jamais on ne murmurera contre votre justice, et l'on sera reconnaissant de vos louanges et de vos bienfaits.

Enfin pour exercer sur vos subordonnés un salutaire et puissant empire, montrez leur votre supériorité incontestable dans tous les genres, et ne donnez jamais prise sur vous à la médisance.

L'homme obéit et se soumet avec facilité, avec plaisir même, à ceux qu'il honore et qu'il voit honorés ; il est toujours prêt à manquer à ses devoirs envers un maître qu'il sait méprisable et méprisé.

Mais toujours et surtout évitez une fâcheuse et compromettante familiarité avec vos serviteurs : tenez-les continuellement et sans morgue à une juste distance.

Chez ces hommes ignorants et grossiers, trop de bonté se prend pour faiblesse.

Enfin ne perdez jamais de vue dans votre conduite avec eux ce sage avertissement du patriarche de l'agriculture française, le judicieux et naïf Olivier de Serres, adage expri-

mé en termes énergiques et appropriés à l'é-
poque où ils ont été écrits :

> Oignez vilain, il vous poindra ;
> Poignez vilain, il vous oindra.

Ce qui, traduit en langage social moderne,
veut dire : Trop de bonté dans les maîtres
est prise pour faiblesse, et amène la familiarité
et la désobéissance des serviteurs.

Une juste et paternelle sévérité attire le
respect, et commande l'obéissance et l'attachement.

Vous avez donc, cultivateurs, à vous maintenir entre ces deux écueils également dangereux : trop de dureté et de hauteur qui,
en humiliant l'homme, révolte son amour-
propre et le porte à la désobéissance, à la
mauvaise volonté et souvent à l'insolence ; et
trop de bonté, c'est-à-dire la faiblesse, qui
alors porte atteinte au respect et finit par
engendrer une fâcheuse et nuisible familiarité.

Aux heureux effets de ce sage esprit de
conduite qui influe si puissamment sur le

moral des serviteurs, le maître doit joindre l'influence non moins puissante de l'intérêt matériel et personnel. Quand il trouvera un bon domestique, fidèle, actif, intelligent et laborieux, il ne pourra jamais payer trop cher ses services ; et malheureusement bien peu de maîtres savent faire ce sage et profitable calcul. Ils lésinent avec un tel domestique pour quelques francs de plus et se le laissent enlever par un voisin plus habile ; puis ils en ont de tardifs et inutiles regrets. Lors donc que vous serez assez heureux pour rencontrer de ces sujets précieux, qui deviennent de plus en plus rares, cherchez à vous les attacher, non seulement par de bons procédés envers eux, par la confiance, l'intérêt et l'attachement que vous leur témoignerez, mais aussi par cette puissance à laquelle rien ne résiste, l'or. Payez largement leurs services, vous ne les paierez jamais trop cher : de tels serviteurs, dans une exploitation rurale, valent souvent autant et quelquefois mieux que l'œil du maître.

Proportionnez donc toujours le salaire au mérite, et ne craignez pas d'exciter la jalousie parmi vos serviteurs en agissant ainsi. Il existe chez ces hommes simples un sentiment inné d'équité naturelle, à l'aide duquel ils savent s'apprécier entre eux à leur juste valeur.

Excitez ainsi chez eux une noble et salutaire émulation ; encouragez au besoin leur zèle et leurs efforts, dans des circonstances difficiles, par des gratifications en dehors de leurs gages. Une faible somme ainsi employée annuellement peut rapporter d'énormes intérêts.

Après ces premiers et principaux aides de nos travaux pour la manipulation de la terre, nous avons à nous occuper des animaux qui nous servent à traîner les divers instruments aratoires que nous employons à cette manipulation.

Ces animaux sont de deux espèces ou genres : les chevaux ou les mulets, et les bœufs.

On emploie pour tirer la charrue deux, trois et même quelquefois quatre chevaux, et depuis deux jusqu'à six, huit et même dix bœufs; car nous n'avons pas en France des terres qu'on puisse labourer, comme celles des environs de Bysance, avec une charrue légère attelée d'un mauvais ânon et d'une vieille femme (1).

Mais aussi, il faut le dire, de ces six, ou huit, ou dix bœufs, il y en a toujours au moins deux, quatre ou six de trop; le piétinement seul enlève la force de la moitié de l'attelage.

Ajoutez à cela presque toujours deux hommes pour conduire un tel équipage, et nous demanderons s'il n'est pas permis de mettre en doute la raison de ces hommes imbéciles et entêtés dans leur routine, et s'ils ne mériteraient pas mille fois plus que leurs bœufs d'être attelés au joug et de traîner la charrue?

1 Histoire de l'agriculture ancienne.

Et cependant cette absurde pratique se perpétue et fleurit même encore dans tous les pays de métayage.

Pauvre terre de France ! jusqu'à quand abuseront-ils ainsi de ta patience ?....

Quousque tandem abutere patientia nostra, catilina.

On a beaucoup discuté sur les avantages ou les désavantages de ces deux moyens de traction , et chacun a eu ses prôneurs et ses détracteurs.

Nous pensons que l'agriculteur doit être guidé dans le choix de ses attelages par les considérations suivantes :

La nature du terrain ;

L'abondance ou la rareté des pâturages ;

L'éloignement des transports les plus habituels dans l'exploitation ;

Enfin l'économie.

Il devra faire attention à la nature du terrain ; car dans les terres fortes , humides et compactes qui se battent comme de la terre à tuile, le piétinement des bœufs est très-nuisible et leur fumier peu convenable.

Dans les terrains pierreux, ils se blessent les pieds et on est obligé de les faire ferrer.

Dans les sols légers et brûlants enfin, leur piétinement est très-utile et leur fumier très-avantageux.

Il paraîtrait donc que ce serait surtout dans les sols légers que les bœufs devraient être employés de préférence, et cependant c'est presque toujours le contraire qui a lieu ; et dans des sols argileux, mouillés et tenaces il n'est pas rare de voir, comme nous venons de le dire, jusqu'à huit et dix bœufs sur une charrue, piétinant le sol et le corroyant comme de la terre à tuile prête à être mise dans le four. Est-il possible, nous le répétons, d'agir plus en opposition directe avec le simple bon sens, et doit-on s'étonner si dans des terres ainsi traitées les résultats sont aussi misérables que les moyens sont absurdes ?

La seconde considération à avoir dans le

choix de l'attelage c'est, avons nous dit, l'abondance ou la rareté des pâturages ; et c'est ici une concession que nous faisons à la routine invétérée, car, selon nous, les bœufs de labour ne doivent pas plus aller au pâturage que les chevaux.

Cette méthode occasionne une immense et irréparable perte de temps et d'engrais, et nous engageons les cultivateurs à nourrir leurs bœufs à l'étable, de la même manière que leurs chevaux, et alors ils en obtiendront un travail à peu près égal.

La troisième considération est l'éloignement des transports les plus ordinaires dans l'exploitation.

En effet, les bœufs ne peuvent être employés d'une manière vraiment utile que pour des transports rapprochés ; pour tous les autres, les chevaux sont préférables.

Enfin l'économie est la dernière et la plus importante considération à avoir dans le choix des attelages ; et sous ce point de vue, nous n'hésitons pas à le dire, les bœufs ont une immense supériorité sur les chevaux. Des harnais peu coûteux, pas de ferrure, pas de détérioration de capital : voilà des avantages réels, incontestables, qui décideront toujours en faveur des bœufs le choix de l'agriculteur sachant calculer et préférer le profit net et réel à la vanité futile et coûteuse d'avoir de beaux attelages.

Outre le prix d'achat considérable, les chevaux occasionnent de grandes dépenses de harnais et de ferrure, et s'ils viennent à s'estropier ou à mourir, on n'en retire que la peau. En vieillissant ils perdent leur valeur, et la dépréciation du capital ne peut pas s'évaluer, eu égard aux chances de perte fortuite, à moins de vingt pour cent par an.

Le bœuf, au contraire, s'il vient à s'estropier, a encore une grande valeur; et quand il a vieilli on l'engraisse, et sa valeur intrinsèque ou le capital qu'il représente est souvent augmentée, jamais au moins diminuée. Ce sont là, nous le répétons, de grands et solides avantages qui compensent largement les inconvénients d'un peu plus de lenteur dans la marche et d'une qualité moindre dans les fumiers.

Mais une considération qui domine toute la question et qu'on devra toujours résoudre en faveur des bœufs, c'est celle de la subsistance des classes pauvres.

Un cheval consomme, en aussi grande quantité que le bœuf, des matières organiques végétales ou de premier degré, cependant il ne sert pas lui-même à son tour à l'entretien immédiat de la vie organique animale. C'est donc une masse immense de substances organiques de deuxième degré totalement perdue pour l'assimilation directe de l'organisme humain, et c'est là une véritable calamité sociale.

Nous devons donc, tout en déplorant le préjugé absurde qui empêche la chair du cheval de servir d'aliment à la vie de l'homme, former des vœux pour que partout où cela est possible on élève et on emploie des bœufs pour la culture des champs, afin de diminuer le vide immense si malheureusement laissé dans la subsistance publique par cette fâcheuse répulsion de la viande de cheval; répulsion dont on ne peut comprendre les motifs, le cheval étant un animal herbivore comme le bœuf, vivant et se nourrissant entièrement comme lui, et que l'on pourrait engraisser comme lui aussi à un certain âge au lieu de le faire mourir à la peine de fatigue, de coups et de misère, à la honte éternelle des hommes dont la cupide ingratitude récompense ainsi les longs services d'une vie laborieuse qui leur fut tout entière utile et dévouée.

Dans quelques exploitations on emploie les vaches au labour; cet usage est même général dans quelques localités, en Limousin, dans la Marche et autres lieux. Ainsi assujetties à un travail modéré, elles élèvent de même de bons veaux et donnent passablement de laitage. Cette excellente méthode mérite d'être préconisée, et il est fort à désirer qu'elle se propage beaucoup, car l'attelage des vaches est encore plus économique que celui des bœufs.

On a beaucoup vanté et conseillé depuis quelques années la substitution du collier pour le tirage des bœufs à l'incommode, fatigant et désavantageux joug double ; et en effet, nous croyons que ce changement est extrèmement utile sous bien des rapports. Cependant il semble résulter des expériences faites par la société d'agriculture de l'Allier, sous l'intelligente direction de M. des Colombiers, son président, que le meilleur mode de tirage pour les bœufs est le joug simple, individuel et frontal, c'est-à-dire placé directement sur le front au lieu de l'être sur la nuque, comme on le fait encore partout où l'absurde et cruelle méthode du joug double est en pleine vigueur.

Nous croyons donc devoir recommander, d'après notre propre expérience, l'emploi des bœufs comme moteurs des instruments agricoles, de préférence à celui des chevaux : deux bons bœufs jeunes, vigoureux et bien nourris, feront presque autant d'ouvrage à la charrue que deux chevaux ; et quelle différence dans la dépense et dans l'amortissement du capital, sans tenir compte même des accidents fortuits plus communs encore sur le cheval, dont ils annulent entièrement la valeur, que sur le bœuf, dont souvent ils la diminuent à peine.

Selon nous, dans une exploitation bien administrée, les labours devraient être toujours faits par des bœufs et les charrois par des chevaux. Chacun y serait alors à sa place et y jouerait le rôle le plus approprié à sa nature. Bien entendu que le joug double serait entièrement supprimé et remplacé, soit par le collier, soit par le joug simple frontal, qui laisse à l'animal toute la force et toute la liberté de ses mouvements ; tandis que le joug double, en lui enlevant cette liberté, le prive d'une grande partie de sa force et doit le condamner à un intolérable supplice. On ne peut voir ces pauvres animaux ainsi soudés l'un à l'autre pendant des journées entières , sans être révolté de cette injuste et longue torture que leur fait subir la barbare cupidité de l'homme.

Nous ne nous occuperons pas des chevaux comme moyen de traction de nos instruments aratoires : nous le répétons, ce n'est pas un cours d'agriculture pratique que nous faisons ici. Nous avons cru devoir discuter, en passant , la préférence à accorder aux bœufs ou aux chevaux , et nous avons surtout insisté pour qu'elle soit accordée aux premiers , parce que malheureusement ils continuent à disparaître de nos exploitations agricoles , peu à peu évincés par la sotte vanité des maîtres et la fausse honte encore bien plus sotte des valets. Les maîtres sont fiers de leurs beaux mais coûteux attelages, et les valets rougissent de *toucher* les bœufs ; ils aiment mieux fouetter des chevaux : c'est pour ces messieurs une affaire de goût et d'amour-propre , et nous plaignons bien sincèrement ceux qui ont à lutter contre leur entêtement et leur mauvaise volonté.

Toutefois nous dirons aux cultivateurs qui, à tort ou à raison, préféreraient les attelages de chevaux aux bœufs : Gardez-vous surtout de folles dépenses pour vos écuries ; nous connaissons bien des exploitations qui ont péri par là.

Nous reviendrons dans cet ouvrage sur la question des chevaux et des bœufs, quand nous aurons à les considérer comme un produit et non plus comme un moyen de l'agriculture.

Nous avons à nous occuper maintenant des instruments aratoires, qui jouent un si grand et, il faut bien le dire, un si triste rôle jusqu'à présent dans la manipulation et la préparation de la terre à l'œuvre de la végétation ; préparation qui est toujours l'objet de nos méditations et de nos travaux.

La perfection de cette œuvre de préparation dépend surtout de la bonté des instruments employés ; et si avec des instruments passables l'ignorance peut faire de la mauvaise besogne, il est impossible même à l'habileté d'en faire de bonne avec de mauvais instruments.

Hæc sunt mea veneficia, voilà mes sortiléges, disait, en apportant sur le Forum ses instruments d'agriculture et en montrant ses deux filles hâlées et robustes, *Cresinus,* accusé de magie, parce que ses récoltes étaient toujours meilleures que celles de ses voisins ; ce qui prouve, soit dit en passant, que les paysans romains étaient aussi superstitieux et aussi ignorants que les nôtres, et encore que les femmes romaines étaient plus laborieuses que celles d'une grande partie de la France et ne craignaient ni les travaux de la terre, ni l'atteinte brûlante du soleil de l'Italie.

Cresinus disait cela, et il avait raison ; le travail et de bons instruments, c'est la magie de l'agriculture, c'est le moyen d'obtenir des produits paraissant miraculeux et surnaturels aux ignorants et aux paresseux.

Nous ne savons pas si les instruments aratoires de Crésinus étaient plus perfectionnés que les nôtres, mais nous avons tout lieu de le croire ; car ceux qu'emploie actuellement encore l'agriculture européenne, loin d'être magiques, sont d'une désolante et désespérante imperfection.

La charrue, depuis des siècles, n'a fait que d'insensibles progrès ; et cet instrument primitif remplit bien imparfaitement le but pour lequel il fut créé, celui de diviser et d'ameublir la terre. Outre le grand déploiement de forces qu'il exige pour sa traction à cause des nombreux frottements qu'il éprouve de tous les côtés, il a encore l'inconvénient de presser et de tasser la terre en dessous par son cep, et de côté par l'oreille et le cep, de sorte que lorsque la terre est compacte et humide il agit absolument en sens inverse de l'effet attendu. Il bat et corroie la terre et la rend par conséquent moins perméable aux racines et aux éléments divers ; enfin il fait, nous le répétons, tout le contraire de ce qu'il devrait faire.

Beaucoup de bons cultivateurs ont bien cherché à remédier à l'inconvénient du tassement en dessous par le cep, à l'aide de divers instruments plus ou moins ingénieux, mais ces essais témoignent de la vérité de cette assertion, que la charrue, dans son état actuel, est un instrument d'une désolante et désespérante imperfection. En un mot, l'art du labour en est encore à la quenouille, en comparaison avec celui de la filature.

A l'aide de la herse, instrument très - imparfait aussi, mais approchant un peu plus de son but, on parvient à remédier superficiellement à cet inconvénient du tassement de la terre par le poids et le frottement de la charrue, mais non au tassement opéré dans le fond de la raie ; et jusqu'à présent, il faut bien le dire, il n'est qu'un seul outil avec lequel on puisse opérer un labour approchant de la perfection, c'est la bêche dans la main de l'homme.

Tous les autres instruments destinés aux divers travaux de l'agriculture ne remplissent pas mieux leur but et semblent avoir été inventés dans les temps d'ignorance et conservés précieusement jusqu'à nous pour multiplier les peines et les sueurs de l'homme.

Est-il rien de plus déplorable que l'usage de la faucille pour couper le blé? ce misérable instrument, qui force l'ouvrier à se tenir constamment courbé vers une terre brûlante dont la réverbération lui brûle les yeux et le visage et lui dessèche les poumons, cause annuellement la mort de bien des milliers d'hommes et altère gravement la santé de ceux qui résistent à l'incessante torture qu'elle leur fait éprouver.

La sape flamande lui est bien préférable sous tous les rapports; mais telle est la puissance de l'habitude sur l'homme, qu'elle n'a encore été substituée nulle part à la faucille, pas même dans les pays où les sapeurs flamands vont annuellement faire la moisson.

La faulx, moins imparfaite peut-être que la faucille et mieux appropriée à son emploi,

est encore cependant un instrument lourd,
fatigant et difficile à manier.

Il faut donc le dire hautement et le répéter
à la honte de l'art agricole, il en est encore
dans toutes ses opérations où en était l'art de
la filature il y a cent ans, à la quenouille.

Et cependant, nous le pensons, l'agriculture est susceptible d'autant d'améliorations
dans sa partie purement mécanique que la
filature; si elle est restée bien loin en arrière,
c'est que malheureusement cet art si noble,
si beau et si utile, a été jusqu'à présent
presque exclusivement pratiqué par des mains
ignorantes et mercenaires appartenant à des
hommes illétrés, aussi étrangers à l'art de
la mécanique qu'aux idées d'invention ou de
perfectionnement.

Ils ont religieusement imité d'âge en âge
les instruments qu'ils avaient reçus de leurs
pères; et si une idée d'amélioration eût pu
naître dans leur esprit, ils l'auraient bien
vite repoussée comme une mauvaise pensée,
ils auraient cru commettre une espèce de

sacrilége en portant la moindre atteinte à la forme primitive de ces engins paternels. Bien plus, s'il se fut trouvé un homme assez téméraire pour oser attenter à la simplicité antédiluvienne de ces instruments, il n'eut pu trouver un seul ouvrier pour se servir des nouveaux, quelque incontestable qu'eût été leur supériorité sur les anciens. Ne voyons-nous pas tous les jours avec quelle difficulté et quelle mauvaise volonté les ouvriers emploient les instruments perfectionnés que nous leur mettons à la main? Il faut une supériorité évidente et contre laquelle ils ne puissent trouver aucune objection dans leur esprit entêté et rebelle pour les leur faire adopter: et leur aversion pour cette nouveauté subsiste long-temps, malgré ses avantages incontestables même pour eux, tant est puissante sur l'homme l'empire de l'habitude.

Quelques hommes de talent, de savoir et de progrès, à la tête desquels nous placerons l'honorable fondateur des fermes-modèles en France, M. Mathieu de Dombasle,

ont bien tenté quelques essais d'amélioration
pour la charrue, mais, il faut l'avouer franchement, tous leurs efforts n'ont pas été
couronnés d'un plein succès. Ils ont bien
réussi à diminuer un peu le tirage ou la
quantité de force nécessaire pour faire exécuter à une charrue un labour énergique ;
ils ont remédié à quelques-uns de ses plus
graves inconvénients, mais la charrue, telle
qu'elle est sortie de leurs savantes mains,
n'en est pas moins encore un instrument
fort imparfait et tout-à-fait au premier degré
de construction. En effet, on n'a rien changé
à sa forme primitive, et à toutes les charrues modernes perfectionnées d'aujourd'hui il
serait facile de trouver un type ancien dont
elles diffèrent fort peu ; et pour appuyer cette
assertion sur un exemple emprunté à la plus
célèbre, sinon à la plus répandue de toutes,
la charrue Dombasle, à laquelle s'attache le
prestige d'un nom justement renommé dans
les fastes agricoles, est-elle autre chose que
la charrue belge sans avant-train, dont on a

remplacé le *sabot* par une crémaillère dans le genre de celle d'Arburnoth, et un peu perfectionné les différentes pièces? Le grand mérite de cette charrue est d'avoir servi à propager l'usage des charrues sans avant-train, exigeant moins de force que celles avec avant-train, mais demandant pour les conduire une main plus sûre et plus exercée; aussi dans bien des lieux déjà elle se repose oubliée sous les hangars, parce que les cultivateurs la redoutent comme plus difficile à diriger et exigeant une attention plus grande et plus soutenue de la part de son conducteur. Il n'en faut pas davantage dans le fâcheux état actuel de notre agriculture, pour faire rejeter dans bien des lieux la meilleure charrue et lui voir préférer un informe tronçon sans soc et sans oreille qui écorche la terre en ricochant. Voilà pourquoi ces charrues à ricochet sont encore en possession de plus de la moitié du sol en France, et pourquoi dans cette moitié de la France l'agriculture est si arriérée et si misérable.

Si, malgré les efforts de ces hommes de progrès et de bonne volonté, la charrue est restée à peu près ce qu'elle était dans sa forme ancienne, il faut le reconnaître cependant, leurs essais n'ont pas été entièrement perdus pour l'art agricole ; et dans bien des lieux ces instruments perfectionnés ont remplacé les misérables outils locaux ou donné l'idée de les améliorer, et cela est déjà un grand bien dont l'agriculture française sait être reconnaissante envers ces hommes dont elle se plaît à honorer le mérite.

Ce que nous venons de dire de la charrue est applicable à presque tous les autres instruments ; cependant on a introduit dans la culture française, depuis plusieurs années, quelques herses perfectionnées qui remplissent bien leur but, et d'autres instruments analogues qui, sous le nom d'extirpateur, de houe à cheval, de scarificateur, de griffon, etc., etc., rendent de véritables services à l'agriculteur pour l'ameublissement de la terre.

On a aussi appliqué avec succès la force

du cheval à divers travaux qui se faisaient à la main, le binage, le sarclage et le battage des plantes et racines. On est, dans ce cas, obligé de les semer en lignes, et alors on a recours à un semoir, instrument connu depuis long-temps, mais très-perfectionné dans ces derniers temps par M. Hugues, de Bordeaux, qui a mis et met à sa propagation un zèle bien louable et qui sera couronné d'un plein succès, nous aimons à l'espérer, dans l'intérêt de l'inventeur, de l'agriculture et de l'État même, dont son emploi général, s'il était possible, augmenterait beaucoup la richesse et les ressources.

Nous reviendrons, en temps et lieu, sur cet instrument et sur son usage.

Pour biner et sarcler ces plantes semées en lignes à l'aide d'un cheval, on se sert d'un instrument nommé houe à cheval, dont l'usage est avantageux, économique et mérite d'être recommandé.

Pour butter les pommes de terre, on remplace de même les bras de l'homme par la force du cheval, au moyen d'une petite charrue à deux oreilles ou versoirs, nommée charrue à butter, ou buttoir à cheval.

Malgré la conquête de ces divers instruments, notre agriculture est, nous le répétons, extrêmement pauvre et dénuée sur ce point si important pour elle ; et ce dénuement ouvre un vaste champ au génie inventif des jeunes agriculteurs désireux de se faire un nom dans cette noble et paisible carrière où les attend une gloire moins brillante mais plus durable et surtout plus douce que celle des armes, car loin de coûter des larmes à l'humanité, elle tend au contraire à améliorer son sort et à augmenter son bien-être.

De grands et d'utiles travaux à peine ébauchés vous restent donc à achever dans cette carrière dont nous vous avons préparé les voies, jeunes agriculteurs qu'anime le feu sacré de cette belle science ; il vous reste beaucoup à faire sur cette riche terre de France dont plus de la moitié languit dans une désastreuse infertilité. Des millions d'hectares de landes incultes n'attendent que des bras pour se couvrir de luxuriantes récoltes. Cette lèpre honteuse de notre sol disparaîtra peu à peu devant cette génération active, laborieuse et zélée qui porte enfin derrière nous ses regards sur l'agriculture comme sur le premier et le plus utile des arts. Cet art, il faut bien le dire, vous le prenez encore à son enfance, parce que long-temps, trop long-temps, il a été oublié, méconnu, dédaigné, abandonné à des mains ignorantes et mercenaires.

Vous le prenez avec d'absurdes pratiques, des préjugés non moins absurdes peut-être, et des moyens d'exécution encore plus absurdes, s'il est possible.

Vous le voyez, jeunes agriculteurs, vous avez beaucoup à faire ; vous avez tout à changer dans cet art, et avant tout commencez par les instruments. Nous l'avons dit et nous le répétons, sur ce point l'agriculture en est encore où en était celui de la filature il y a cinquante ans, et celui de la papeterie il y vingt-cinq ans à peine : on filait et on fabriquait le papier à la main, comme on travaille la terre, comme on coupe le blé et comme on fauche les prairies aujourd'hui. Il vous reste à inventer les machines à labourer, à moissonner, à faucher, à faner et autres, comme on a inventé celles à filer, à faire le papier, les clous, etc.

C'est là une grande et belle tâche, elle est difficile peut-être, mais elle n'est pas impossible, et l'art de la mécanique a su triompher de bien plus grandes difficultés que celles que présente la réalisation des machines dont nous venons de parler.

Déjà le semoir est inventé; et si l'on eût dit, il y a vingt-cinq ans, à nos laboureurs qu'on remplacerait un jour leur main par une machine dans cette manœuvre assez difficile et fort imparfaite du reste, ils auraient haussé les épaules.

Mettez-donc votre imagination à l'œuvre, jeunes agriculteurs; occupez-vous dans vos moments de loisir, dans les longues soirées d'hiver, quand tout dort dans la ferme excepté vous ; occupez-vous de ces intéressantes et utiles recherches, et, nous n'en doutons pas, avant vingt ans peut-être toutes les difficultés auront disparu peu à peu devant vos méditations et vos efforts, et les instruments d'agriculture seront alors aussi supérieurs à ceux encore en usage aujourd'hui que les meilleurs métiers à filer le sont à la quenouille.

En attendant cet heureux résultat, ces glorieux et utiles succès promis à vos études et à vos travaux, il faut bien se servir de ceux que nous avons et tâcher d'en tirer le meilleur parti possible.

Notre sol est préparé par les mélanges des matières nécessaires ; nos attelages et nos instruments sont prêts ; il s'agit maintenant de procéder au labourage ou à la manipulation de ces diverses substances pour rendre le récipient aussi propre que possible à l'accomplissement de l'œuvre que nous méditons.

Dans cette opération importante comme

dans toutes les autres, l'opérateur aura à prendre en considération d'abord la nature du sol, sa profondeur et son exposition, et ensuite l'espèce et les habitudes des plantes qu'il veut lui confier.

Il pourra sans inconvénient labourer profondément les terrains dont la couche homogène a beaucoup d'épaisseur ; dans ce cas, il se réglera sur la nature des racines de la plante dont il prépare le récipient. Plus elles seront fortes et pivotantes, plus il devra leur ouvrir profondément un passage facile dans le sein de la terre.

Dans les sols où la couche de terre végétale, peu épaisse, repose sur un sous-sol infertile, soit alumineux, soit siliceux, soit crayeux ou pierreux, il apportera une grande attention à n'entamer que successivement et peu à peu le sous-sol, afin de le mêler chaque fois en très-petite quantité à la terre végétale. Sans cette précaution, il pourrait compromettre pour plusieurs années la fertilité de la couche arable.

Les plantes auxquelles ce genre de sol peut convenir sont celles à racines traçantes. Cependant, s'il est extrêmement riche, on pourra lui confier des plantes à racines pivotantes, qui alors s'étaleront et glisseront sur l'obstacle ; seulement, si ce sont des plantes vivaces, elles dureront moins long-temps que dans un sol profond. Nous avons vu de très-belles luzernes donner plusieurs coupes abondantes par an, dans une terre calcaire dont la couche végétale, n'ayant pas plus de douze centimètres d'épaisseur, reposait sur un banc de pierre de taille absolument impénétrable à leurs racines. Nous ignorons ce qu'elles ont duré ; mais, nécessairement, à moins d'une application abondante et réitérée d'engrais énergiques, leur existence n'a pas dû se prolonger au-delà de cinq ou six ans, tandis que dans les sols fertiles et profonds on voit les luzernes durer trente ans et enfoncer leurs racines jusqu'à dix mètres de profondeur dans les entrailles de la terre.

Dans les sols très-légers et peu abondants

en humus, les labours devront être superfi-
ciels et peu fréquents.

Qu'au sol qu'est sans humeur
Ne touche le laboureur,

a dit Olivier de Serres, dont on ne peut trop
admirer la sagacité.

Dans les terres légères, où la silice domine, et celles que l'on appelle franches,
où la silice et l'alumine se trouvent mélangées dans des proportions convenables, la
manipulation de la terre présente à l'opérateur peu de difficultés à vaincre ; dans ces
terres, les labours ont plus pour objet la
destruction des plantes parasites que l'ameublissement et la division du récipient, ameublissement et division dont la gelée opère la
plus grande partie d'une manière bien plus
parfaite que ne saurait le faire les meilleurs
instruments conduits par la main de l'homme.

Mais, au contraire, les terres froides, humides et compactes, où l'alumine domine, résistent avec opiniâtreté à tous les efforts de

l'opérateur, et lui opposent souvent d'invincibles difficultés. Quand la sécheresse les a durcies, elles se fendent profondément et le soc ne peut plus y pénétrer, quelque soit la force employée, ou bien alors elles se cassent en gros morceaux irréguliers que la herse ne peut réduire. Quand elles sont molles, elles se *battent*, se lissent, se corroient et se tordent sous le cep et l'oreille comme de la pâte ou de la terre à tuile. Les pieds des animaux s'y enfoncent profondément, et y forment autant de pots où l'eau séjourne et d'où l'évaporation peut seule l'enlever. Il se trouve à peine quelques jours dans l'année où ces terres peuvent être convenablement façonnées : comment avoir alors assez d'attelages pour faire tant de travail en si peu de temps? Cependant, dans la plupart des cas, il vaudrait mieux les laisser en friche que de les labourer aussi mal et leur confier des semences avec si peu de chances de succès.

Nous plaignons les cultivateurs placés sur un semblable sol, mais cependant nous les engageons à ne pas se décourager ; avec du temps, de la patience et du travail l'homme vient à bout de tout. Nous leur avons indiqué dans cet ouvrage les meilleurs moyens pour combattre la ténacité de ce genre de terre où l'alumine est en trop grande proportion. Avec des fumiers abondants et peu consommés, de la marne très-calcaire et de la silice, ils pourront la rendre moins compacte, plus facilement divisible et en faire une terre de première qualité, surtout en l'assainissant par des fossés et des rigoles ; car ces sortes de terres ont aussi l'inconvénient de garder l'eau en hiver, ce qui facilite beaucoup la perte des plantes par l'effet de la gelée et du dégel.

En ne perdant de vue aucun des principes généraux que nous avons posés , en suivant exactement les règles que nous avons tracées , les agriculteurs viendront facilement à bout de changer la nature de leurs terres et de les rendre plus faciles à manipuler, à labourer.

Au reste, il faut bien l'avouer, le labourage comme toutes les autres opérations agricoles échappe à toute règle fixe, à tout système déterminé.

On peut dire, *autant de pays*, ou plutôt et même mieux, *autant de champs*, *autant de manières de labourer*.

Telle terre veut être labourée humide, mouillée même, telle autre quand elle est *saine* ou même un peu sèche.

Telle autre, au contraire, ne veut pas absolument être labourée sèche et se ressent plusieurs années d'un labour ainsi donné à contre-temps ; du reste c'est là, nous le pensons, une règle à peu près générale. Il est toujours dangereux de forcer la terre, de lui faire violence en la labourant, pour ainsi dire, malgré elle et de vive force.

Enfin Virgile a dit : *Nudus ara*, c'est-à-dire laboure par le temps sec.

Olivier de Serres :

Il vaudrait mieux faire le fou
Que de labourer en temps mou.

Et cependant dans bien des lieux on dit qu'il faut que la corne du bœuf mouille en labourant, et beaucoup de terres ne donnent de bonnes récoltes que quand on les travaille bien mouillées et que les pieds des animaux les pétrissent comme de la terre à tuile.

Il est donc impossible, nous le répétons, de donner aucune règle fixe à cet égard : les cultivateurs feront bien de consulter par l'expérience les goûts, les besoins et les caprices de chaque genre de terre, en procédant toujours par des essais peu importants.

Et quelque soient d'ailleurs leurs connaissances théoriques et pratiques, ils devront étudier attentivement et longuement la nature de leur sol avant de lui appliquer des méthodes nouvelles, car rien n'est plus trompeur que l'aspect de la terre ; et si l'on connaît l'ouvrier à l'œuvre, on ne connaît bien la terre qu'après l'avoir travaillée.

A tel sol les labours d'hiver conviennent parfaitement, à tel autre à peu près semblable ils sont très-nuisibles ; cela tient à d'imperceptibles différences dans la composition, différences dont on ne peut souvent se rendre compte et qui, pour être physiquement inappréciables, n'en sont pas moins positives.

A cet égard, l'agriculteur débutant devra consulter les anciens laboureurs du pays. Dans cette classe de cultivateurs ignorants, entêtés et routiniers, il se rencontre quelquefois cependant des hommes doués d'un précieux esprit d'observation et auprès desquels il y a toujours quelque chose à gagner. Croyez-nous, jeunes agriculteurs, ne négligez ni les avis ni même les présomptueuses railleries des vieux laboureurs du lieu ; et tout en souriant de leurs absurdes préjugés ou de leur ridicule suffisance, saisissez dans leurs discours ce qu'il y a d'utile et de sage, et faites en votre profit.

Toujours nous avons aimé à causer avec ces vieux colons, *veteres coloni*, comme dit Virgile, et souvent nous avons ramassé des perles sur le fumier de ces hommes grossiers.

SEMAILLES.

Notre œuvre de préparation et de composition du récipient est terminée. Nous avons
donné aux parties terreuses, par des mélanges intelligents, la légèreté, la perméabilité
nécessaires, tout en leur laissant une consistance suffisante ; nous avons mélangé à ces
matières neutres, formant la base du récipient, des substances organiques animales
et végétales en décomposition, substances
destinées à l'absorption et l'assimilation par
les plantes que nous devons confier au récipient ; nous y avons ajouté une légère dose
de matière calcaire pour diviser l'alumine et
faciliter l'œuvre de la végétation en activant
la décomposition des substances organiques
assimilables, ensuite nous avons manipulé le
tout de manière à bien en mélanger les diverses parties et à le préparer aussi parfaitement qu'il est possible au travail auquel

nous le destinons ; nous lui avons donné pour cela plusieurs labours en temps et saison convenables, plusieurs hersages pour ameublir et unir sa surface.

Enfin le jour de la semaille est venu et nous allons confier le germe à la terre dans lequel il doit se développer, croître et fructifier à l'aide du point d'appui que nous lui avons donné et des matières que nous avons mises à sa portée, afin qu'il puisse s'en assimiler les corps simples analogues à sa nature et les transformer en sa propre substance, avec l'aide et sous l'influence bienfaisante des éléments, la terre, l'eau, l'air et le feu, dont l'action combinée est le principe de toute vie organique.

Nous devons, en confiant ces germes au récipient destiné à les porter et à les nourrir, avoir égard à leur nature, à leur grosseur et au temps plus ou moins long pendant lequel ils doivent rester dans le sol.

Plus ils seront légers et tenus, moins ils devront être placés profondément dans le récipient, car certaines graines très-fines ne germent pas quand elles sont recouvertes de quelques millimètres de terre seulement.

D'autres pourrissent facilement ; d'autres éclatent ou se fendent par l'action combinée de l'humidité et de la chaleur du soleil ; d'autres, au contraire, peuvent se conserver un temps indéfini dans la terre sans perdre leur faculté germinative, telles sont les graines oléagineuses qui, par cette raison et à cause de leur finesse, doivent être légèrement enterrées.

Nous nous contenterons d'indiquer la nécessité de ces observations à faire et de ces soins à prendre par l'agriculteur, mais nous bornerons là nos remarques et nos leçons, car nous n'écrivons pas un traité d'agriculture pratique, et les cultivateurs trouveront dans bien des livres recommandables à tant d'égard que possède la science agricole en France, toutes les instructions nécessaires à l'article consacré dans ces ouvrages à la plante dont ils veulent tenter la culture.

Nous emploierons autant qu'il sera possible, pour confier la semence au sol, un de ces instruments perfectionnés nommés semoir, et de préférence le semoir Hugues, le meilleur de tous. Nous disons autant que possible, parce que malheureusement la mauvaise préparation de la plus grande partie des terres, dans l'état actuel de l'agriculture en France, s'oppose et s'opposera long-temps encore à l'emploi général de cet utile et ingénieux instrument, et c'est là une véritable calamité publique ; car, ainsi que l'a si bien prouvé son habile et zélé inventeur, M. Hugues, le semoir permettant un économie d'un tiers de la semence, laisserait à la consommation une immense quantité de grains qui se convertirait en or au lieu de se perdre inutilement dans la terre.

Les avantages de l'emploi général du semoir en France sont donc vraiment incalculables pour sa prospérité ; mais malheureusement, comme nous venons de le dire, ce précieux instrument ne peut s'employer que dans un sol bien préparé, bien uni et bien sain. Partout ailleurs son emploi est difficile, ses effets sont irréguliers, et l'on doit lui préférer la très-coûteuse et très-imparfaite méthode de semer à la main.

Nous nous servirons donc de préférence du semoir quand cela sera possible et surtout pour les graines fines, plus difficiles à semer et à enterrer également que celles d'une grosseur ordinaire.

Nous proportionnerons avec beaucoup de soin, et toujours par les mêmes motifs, la quantité de semence à l'état de la terre, à la nature des plantes.

Nous semerons plus épais dans les terres fortes et luxuriantes, et surtout les plantes annuelles qui n'ont point de branches latérales et qui, par conséquent, peuvent croître et mûrir très-près les unes des autres.

Nous semerons plus clair dans les terres légères, peu riches, et surtout les plantes gourmandes et branchues et celles qui tallent beaucoup.

Enfin dans cette opération que nous abandonnons à la sagacité du cultivateur, il ne négligera aucune considération pour assurer son succès, et il trouvera aussi dans tous les traités spéciaux les indications nécessaires relatives à chaque genre de plante.

Il devra autant que possible et suivant l'espèce, la nature et l'état de l'engrais, le mettre en contact avec les germes, en faisant aussi attention, dans cette opération, à la nature des plantes et au temps qu'elles doivent rester dans la terre. Plus ce temps sera long, moins le contact immédiat sera nécessaire et moins l'engrais devra être décomposé, ainsi que nous l'avons déjà expliqué ci-dessus.

Quand l'engrais sera pulvérulent, il sera bien de le répandre en même temps que la semence; si l'on pouvait même le mélanger très-sec avec les graines mouillées, on ferait une très-bonne opération, car aussitôt après sa naissance et pendant la période de germination, l'embryon a besoin d'une bonne nourriture appropriée à sa faiblesse ; et comme il ne peut encore aller la chercher, il est bon de la mettre à sa portée, car de sa vigueur à cette époque dépend en grande partie celle du reste de sa vie.

La semence répandue avec le semoir ou à la main le plus uniformément possible, on la recouvre d'une couche plus ou moins épaisse suivant sa grosseur et suivant aussi la nature des plantes ; on passe un rouleau pour unir sa surface, ou bien on y laisse les mottes dans le but de chausser plus tard les jeunes plantes, si elles sont de nature à supporter cette opération.

NUTRITION DES PLANTES.

L'œuvre de la préparation et de la fécondation de la terre est accomplie : nous allons nous occuper maintenant des admirables phénomènes de la nutrition des plantes.

Puissent nos forces répondre à notre zèle ;

puissions-nous ne pas rester trop au-dessous d'un si magnifique sujet.

La manière dont s'accomplit le phénomène de la nutrition des plantes est depuis long-temps un grave problème, objet d'une controverse animée et dont la solution est loin d'être complète. Des hommes de science et de talent ont traité cette question d'une manière fort remarquable, mais leur opinion laisse encore bien des choses à désirer. Il en est de cette importante partie de la science naturelle comme de beaucoup d'autres sans doute ; elle est toujours un secret à peu près impénétré ; toutes les théories plus ou moins ingénieuses bâties sur ce sujet aussi obscur qu'intéressant, sont encore à l'état d'hypothèse. Nous n'avons pas la prétention d'en savoir plus que nos devanciers, ni de pénétrer plus avant dans les mystères de ce grand arcane de la nature. Nous voulons seulement livrer à nos lecteurs, nos pensées et notre opinion, sans les croire infaillibles, comme nous l'avons fait pour tous les sujets dont nous nous sommes occupés dans cet ouvrage.

En prenant pour base ce principe incontestable que la végétation n'est autre chose que la réunion et la solidification, à l'aide de la chaleur, des principes de la vie répandus dans l'air, dans la terre et dans l'eau pour les préparer au rôle important qu'ils sont appelés à jouer dans l'œuvre de l'organisation animale, c'est-à-dire pour les rendre plus facilement assimilables, soit aux animaux par la consommation directe, soit à d'autres végétaux par la décomposition, nous reconnaissons toujours l'indispensable nécessité de l'action réunie des quatre éléments principes de toute vie. Le règne végétal déjà organisé, mais sans vie apparente, est la transition de la matière inerte à la vie. C'est dans cet admirable travail que la nature, réunissant tous les corps simples existant en elle, les amalgame, les élabore et les concentre dans une première organisation avant de les livrer tout préparés à l'assimilation du règne animal, organisation dernière et perfectionée qui ensuite les rend par la mort et la décomposition aux éléments auxquels la végétation les avait empruntés pour les lui transmettre.

Comment s'opère ce travail, cette transformation première, cette organisation des corps simples? voilà le problème qui nous occupe. Est-ce par leurs racines ou par leurs feuilles que les plantes se nourrissent, c'est-à-dire absorbent et s'assimilent par une première opération chimique les matières qu'elles doivent ensuite transmettre au règne animal par la nutrition, ou rendre à la terre par la décomposition?

Comment enfin s'accomplit ce phénomène de la nutrition des plantes, soit qu'elles se nourrissent par leurs feuilles ou par leurs racines, ou bien par toutes les deux à la fois?

Voilà l'intéressante et belle question que nous devons essayer de résoudre.

Long-temps on a pensé que les plantes se

nourrissaient uniquement par leurs racines ,
en empruntant directement à la terre les sucs
nutritifs contenus dans les matières animales
et végétales rendus assimilables , à l'aide de
la décomposition, par leur conversion d'abord
en *humus* et puis en *acide humique*, dernier
degré de l'élaboration interne nécessaire pour
cette assimilation.

D'innombrables systèmes se sont fondés ,
des écrits non moins nombreux ont paru sur
cette grave et capitale question. On a cherché à expliquer comment s'opérait ce phénomène , c'est-à-dire comment les plantes
mangeaient et digéraient. On a pensé que les
plantes humaient directement, par le secours
de leurs racines , les matières organiques décomposées et préparées par la nature pour
servir à leur nutrition , comme le pigeon et
beaucoup d'autres animaux préparent dans
leur estomac la nourriture de leurs petits.
On disait que l'humus, dissout par des agents
connus ou inconnus , passait à l'état savon-
neux , état dans lequel , mêlé à l'eau , il

était facilement sucé par les radicules des plantes, comme le lait de la mère par les jeunes animaux.

Jusque là tout est bien, et nous pensons que, sauf l'explication des moyens par lesquels s'opèrent ces différentes transformations et la diversité des avis sur la nature des sucs absorbés, on était dans le vrai. Seulement un grand vide existait dans ce système : on disait bien comment les plantes mangeaient, mais on ne pouvait pas dire comment elles digéraient, comment elles s'assimilaient les matières organiques ; car on ne pouvait leur trouver un estomac, et ce n'était pas là un des points les moins obscurs de ce grand, de ce magnifique problême.

Enfin on reconnut que les plantes se nourrissaient aussi par leurs feuilles ; qu'à certaines époques, elles semblaient même vivre plus par l'air que par la terre ; et comme l'esprit humain ne sait jamais s'arrêter dans le champ vaste et mystérieux des suppositions et des inductions, après avoir commencé par dire

que les plantes se nourrissaient bien plus
par leurs feuilles que par leurs racines, on
en est venu à soutenir qu'elles tiraient leur
nourriture de l'air et de la rosée seulement ;
que les racines, tout en leur servant de point
d'appui dans le sol, étaient les conduits excrémentiels par lesquels elles rendaient à la
terre le résidu non assimilé des matières par
elles empruntées à l'air et à l'eau du ciel.

Voilà un pas de plus fait dans le champ
des inductions hypothétiques ; voilà les plantes douées d'un organe de plus ; car, d'après
les lois immuables de la nature, puisqu'elles
mangent elles doivent rendre aux éléments
tout ce qu'elles ne s'assimilent pas par la
digestion.

Ce système de la nutrition des plantes par
leurs feuilles, à l'aide de l'air et de l'eau,
et de l'évacuation du résidu de la digestion par les racines, est donc très-ingénieux
et très - spécieux ; il ne lui manque qu'un
point essentiel pour être vrai. En effet, pour
digérer, c'est-à-dire séparer les parties as-

similables à l'être organique de celles qu'il rejette comme inutiles, il faut un estomac, et les plantes n'en ont pas.

Les auteurs de ce système étaient sur la voie de la vérité, en ce sens qu'ils s'appuyaient sur ce principe invariable que toutes les opérations de la nature sont absolument identiques dans les êtres organisés animaux ou végétaux. Les plantes, se sont-ils dit, naissent, vivent, se reproduisent et meurent comme les animaux; elles suivent dans ces différentes phases ou ces diverses opérations les mêmes lois et observent les mêmes règles : donc, puisque les animaux mangent, digèrent et rejettent le superflu de la nourriture prise, il doit en être de même des plantes; elles mangent et boivent par leurs feuilles, donc elles rendent le résidu de la digestion par leurs racines. Le principe est vrai et le raisonnement est juste, seulement leurs auteurs ont péché dans les conséquences qu'ils en ont tirées, ainsi que nous l'expliquerons bientôt.

Le plus grand cheval de bataille des auteurs et des partisans de ce système, c'est celui-ci : Un chou arraché de terre continue à pousser, fleurit et amène ses graines à maturité ; évidemment il n'emprunte plus rien au sol dans cet état, il tire toute sa nourriture de l'air. Ou bien, des pommes de terre n'ayant aucun contact avec la terre, poussent des racines et des feuilles et produisent même des tubercules arrivant à maturité, puisque mis dans la terre l'année suivante, ils ont eux-mêmes donné de nouveaux tubercules.

Sans nul doute, voilà des exemples puissants à l'appui de ce système : en effet, si l'on peut obtenir le développement des tiges et des feuilles, la production et la maturité des semences et des tubercules sans aucun contact avec le sol, évidemment la terre est inutile à la nutrition des plantes ; elle est donc seulement leur point d'appui à l'aide des racines, qui leur servent en même temps de canal d'évacuation.

Ce système est spécieux, et ces raisonnements paraissent assez puissants au premier coup-d'œil ; mais ils vont bientôt tomber et s'évanouir devant l'explication que nous allons donner de cette végétation et de cette fructification sans le concours de la terre et des racines.

Ainsi que nous l'avons expliqué, Dieu a assigné à l'existence de tous les êtres une marche uniforme et régulière. Composés de la réunion des corps simples préexistants dans la nature, réunion opérée par l'action combinée des quatre éléments vivifiques, ils naissent, grandissent, vivent, se reproduisent et meurent tous à peu près de la même manière. Un germe se développe à l'aide de l'humidité et de la chaleur, dans la terre, dans l'œuf ou dans le sein de la mère ; d'abord il vit sans air et se nourrit de la substance dans lequel il a été déposé ; enfin il voit le jour, il respire l'air et s'approprie des aliments étrangers : il grandit et atteint dans un temps plus ou moins long, temps ordinairement proportionné à la durée habituelle de sa vie, son accroissement total ; il se reproduit et meurt pour rendre par la décomposition aux éléments auxquels il les avait empruntées, les matières simples qui doivent servir à former de nouveaux êtres organiques.

Ces diverses phases de l'existence sont à peu près les mêmes pour tout ce qui vit, et toutes les opérations de l'organisme diffèrent également fort peu entre elles. En effet, comme nous venons de le dire, tous les végétaux et tous les animaux naissent d'un germe déposé dans un centre alimentaire ; tous, quand ils sont nés, ils respirent l'air indispensable à leur existence ; tous, ils s'assimilent des matières qui circulent dans les vaisseaux de leurs corps ; tous, ils se reproduisent par la fécondation ; tous enfin ils meurent, c'est-à-dire ils retournent par la cessation de la vie aux éléments dont ils procèdent.

Mais si ces règles générales, auxquelles sont soumis tous les êtres vivant ou végétant, sont fixes et immuables dans leur ensemble ; s'ils doivent tous passer par toutes ces phases et suivre, sans pouvoir s'en écarter, toutes ces lois de la nature, il existe souvent dans le mode d'accomplissement de chacune de ces opérations vitales une immense différence, selon l'espèce et la nature des êtres.

Et suivant que ces êtres sont plus ou moins avancés vers la perfection vitale, ces opérations sont plus simples, plus directes, plus intimes, plus personnelles.

L'homme et les quadrupèdes se reproduisent directement et en eux-mêmes. La femme et les femelles des animaux conçoivent et portent leur fruit dans leurs entrailles, et le mettent immédiatement au jour.

Les oiseaux se reproduisent par des œufs formés en eux, mais dont ils se séparent alors qu'ils sont encore une matière inerte et morte. La mise au jour est médiate, et le concours de la mère n'est pas indispensable et peut être remplacé par une chaleur étrangère.

Les poissons, les insectes et les reptiles, étant placés à un degré inférieur sur l'échelle de la perfection vitale, ne conservent pas même la connaissance de leurs œufs; ils les abandonnent au hasard après les avoir mis dans une position favorable à leur développement, la nature fait le reste.

Enfin les végétaux, placés les derniers dans l'ordre de perfection des êtres organisés, ne s'occupent pas même de mettre leurs graines dans des positions favorables; ils les abandonnent au vent, ou les laissent tomber au hasard sur le sol.

Ainsi l'homme et les animaux nourrissent leurs germes de leur sang, de leur propre substance et dans leur propre sein ;

Les oiseaux les font éclore par leur chaleur vitale ;

Les poissons, les reptiles (1) et les insectes les placent dans des conditions favo-

____

(1) Il est cependant quelques reptiles vivipares, mais c'est là une exception.

rables, dans la vue de leur développement et de leur conservation ;

Et les végétaux les abandonnent au vent et au hasard sur la terre.

On le voit, la perfection du mode de reproduction est en raison directe de la perfection de l'organisation.

Et que l'on ne croie pas que nous nous sommes appesanti sans raison sur un sujet qui semble au premier coup-d'œil s'éloigner du but de cet ouvrage. Comme tout se tient et se lie dans la nature, et comme les degrés de perfection sont les mêmes pour toutes les fonctions dans chaque genre, suivant son ordre dans l'échelle vitale, les organes de la digestion sont aussi bien plus parfaits dans l'homme et dans les animaux que dans les oiseaux.

Dans les oiseaux, ils le sont plus que dans les poissons, dans les reptiles et dans les insectes.

Dans quelques classes même de ce dernier genre, ils sont presque inappréciables.

Dans les végétaux, ils manquent entièrement.

Quand Dieu créa les êtres organisés, il commença par les moins parfaits, par les plus simples ; et peut-être ne serait-il pas impossible d'expliquer, par l'état relatif du sol, l'ordre de la création et cette gradation de perfection si clairement apparente dans les différents êtres suivant l'époque de leur avènement sur la terre.

D'abord les mousses, les algues et les champignons, organisme incomplet et mystérieux, puis les plantes et les arbres, dont toutes les opérations vitales sont plus ou moins parfaites suivant les différentes époques où ils naquirent sur la terre à mesure qu'elle fut en état de subvenir à leurs besoins. Les coquillages, les insectes, les reptiles et les poissons parurent sur le globe terrestre quand presque entièrement couvert d'eaux vives ou stagnantes, eux seuls pouvaient l'habiter ; puis les oiseaux, qui purent se percher sur les arbres et nager sur les eaux, alors que la terre, encore trop humide, n'était pas prête pour les quadrupèdes, qui en prirent possession quand, suffisamment asséchée et fécondée, elle put les porter et les nourrir ; enfin l'homme, ainsi que nous l'avons expliqué,

Tous ces êtres, ayant paru sur la terre à des époques différentes, suivant les diverses phases de décomposition qui la rendait propre à la vie végétale et animale, ont, il est facile de le comprendre, une nature et des besoins bien différents, suivant l'époque de leur avènement au monde.

Ainsi les végétaux peuvent vivre d'eau de pluie et d'air seulement, parce que quand ils prirent possession de la terre elle ne contenait encore que les corps minéraux et gazeux à l'état simple, corps qu'ils étaient destinés à réunir, à combiner et à solidifier pour les rendre assimilables à la matière vivante.

Nous l'avons dit au commencement de cet ouvrage, la végétation c'est la moisissure qui se forme sur les corps en désorganisation. Ce premier degré de la vie, s'organisant par

la désorganisation , procède directement des
corps qui se désorganisent ; les végétaux
sont le produit des sucs élaborés dans le sein
de la terre par le travail de la décomposition des matières vivifiques , comme les corps
organisés vivants sont le produit des sucs
élaborés dans l'estomac par le même travail
de la décomposition de ces mêmes matières. En
un mot , la terre est l'estomac des végétaux
qui n'ont que des vaisseaux de circulation :
le système de leur nutrition est médiat et
complexe comme celui de leur reproduction ;
il était même impossible qu'il en fût autrement
à l'époque où ils ont été créés , ou sans cela
le système de la création eut dû être entièrement changé. Destinés à devenir le premier point de transition des corps simples à
l'organisme vivant , ils devaient recevoir ces
corps déjà combinés , élaborés par un travail
préparatoire dû à l'action réunie des quatre
éléments créateurs : ou bien s'ils les eussent
reçus à l'état simple et eussent dû les combiner, les élaborer eux-mêmes , évidemment

leurs organes préparateurs, opérateurs, auraient dû être plus parfaits pour accomplir cette première opération, la plus difficile de toutes, que ne le sont ceux des animaux et de l'homme même. Dès-lors tout le système de la création eut été renversé de fond en comble, et le règne végétal l'eut emporté en perfection organique sur le règne animal, ce qui n'est pas même admissible dans la pensée.

C'est donc dans la nature par l'action mystérieusement combinée des quatre éléments, la terre, l'eau, l'air et le feu, que s'élaborent les matières constitutives de l'organisation végétale, dans laquelle, subissant un premier degré de transformation, elles deviennent propres à la vie animale à l'aide du phénomène de la digestion.

Ainsi les corps simples, disséminés dans les éléments, et dont se composent tous les corps organiques vivants, reçoivent dans l'air et dans la terre avec le concours de l'eau et du feu ou de la chaleur et de l'humidité, une première préparation par laquelle ils deviennent propres à l'organisation végétale ; et dans cette opération, ils subissent une transformation, une solidification qui les rend propres à l'assimilation de la vie animale. En un mot, le règne végétal est l'organisation, la solidification des différents gaz vitaux disséminés dans les éléments pour les rendre appropriables au règne animal, à la matière organique vivante.

Ce principe incontestable posé, nous allons suivre le germe végétal dans toutes les phases de sa vie, et nous allons en expliquer tous les phénomènes. Nous allons le montrer naissant, se développant, respirant, vivant, se reproduisant et mourant comme les êtres animés, avec cette seule différence que ne pouvant, ainsi que nous l'avons expliqué ci-dessus, élaborer lui-même les matières nécessaires à sa vie, il les reçoit toutes préparées de la terre, qui lui sert d'estomac et le nourrit de son suc après l'avoir réchauffé dans son sein comme une bonne mère.

Il en est de même et par les mêmes raisons du système respiratoire. Les plantes respirent, mais elles absorbent les seules parties de l'air propres à leur assimilation ; elles n'ont pas de poumons pour le décomposer, s'en assimiler une partie et rejeter les autres comme les êtres organisés vivants.

En un mot, les plantes sont des êtres organiques imparfaits, chez lesquels s'accomplissent tous les divers phénomènes de la vie, malgré l'absence des organes digestifs et respiratoires.

Et voilà pourquoi elles n'ont pas de chaleur vitale ; car, dans les animaux, la chaleur est produite par la combustion du gaz oxigène et d'autres corps simples dans les phénomènes de la respiration et de la digestion.

Nous voici donc ramenés à notre sujet, sur notre terrain, car nous avons à expliquer les rapports existant entre le germe végétal et le sol auquel nous l'avons confié et dans lequel il trouve la chaleur et la nourriture nécessaires, indispensables à son déveloploppement, à sa croissance et à sa perfection.

La terre, ainsi que nous l'avons expliqué, après avoir fait éclore par sa chaleur l'embryon végétal, le nourrit des sucs élaborés pour lui dans son sein, et comme dans la vie organique tout dépend principalement de la manière dont s'accomplissent les fonctions digestives, c'est sur ce point si important pour le succès de notre opération, que nous devrons surtout porter notre attention. Il faut aux plantes comme aux animaux une nourriture suffisante, réglée et appropriée à leur espèce et à leur nature ; l'excès en est souvent aussi nuisible que le défaut. On le voit, toute la science, ou du moins l'essence de la science agricole, est dans ce principe que nous avons posé d'une manière incontestable : la terre est l'estomac des plantes.

Quand l'estomac est bon, fonctionne bien, et quand on sait lui donner à propos les aliments convenables à l'état du sujet, tout va bien, la santé est florissante, et il est facile de l'entretenir dans cet état satisfaisant ; mais souvent le moindre excès, le moindre écart de régime, le défaut ou la mauvaise qualité des aliments suffisent pour déranger gravement et pour long-temps toute l'économie de la vie.

Aussi nous nous occuperons avec un soin tout particulier dans cet ouvrage de l'hygiène de la terre, c'est-à-dire des moyens de l'entretenir toujours en bonne santé ; car sa santé c'est celle des plantes qu'elle nourrit de sa propre essence. Mais revenons au point d'où nous sommes partis pour nous livrer à cette utile digression nécessaire à l'intelligence de notre système et à la réfutation de ceux qui lui sont opposés.

Après avoir préparé le récipient ou la terre destinée à l'œuvre que nous avons en vue, nous lui avons confié le germe de la plante dont nous voulons aider l'organisation jusqu'à l'époque où, par la maturité de ses semences, elle achève le rôle qu'elle a été appelée à jouer dans la nature.

Ce germe est contenu dans une graine,
comme celui des oiseaux dans l'œuf. Comme
celui-ci, il se développe par l'action combinée de la chaleur et de l'humidité qu'il
trouve dans le sein de la terre. D'abord l'eau
pénètre la graine, qui se gonfle, s'amollit et
passe à l'état laiteux, albumineux et mucila-
gineux. C'est de cette substance dans laquelle il est enveloppé que le germe se nourrit d'abord, comme le poulet de l'albumine de
l'œuf ; et pour que rien ne manque à la
comparaison, cette substance, premier aliment
du germe végétal, a une certaine analogie
avec celles dont se nourrissent les fœtus des
animaux ; elles contiennent toutes de l'albumine. Nouvelle et irréfragable preuve que tous
les êtres organiques ont la même origine,
sont tous formés des mêmes matières élémentaires diversement combinées.

Après s'être nourri pendant un temps plus
ou moins long de cette substance interne
dont il est enveloppé, le germe végétal pousse
ses radicules hors de ce centre dans lequel

il est renfermé, pour demander à la terre un supplément de nourriture ; et par ces radicules ou suçoirs, il commence à s'assimiler des matières étrangères que la terre, ainsi que nous l'avons expliqué, lui fournit toutes élaborées, toutes préparées à l'assimilation par la circulation dans ses vaisseaux ou veines.

En même temps il pousse sa tige hors de la graine où il était contenu, et aussitôt il absorbe par elle les divers gaz de l'air ; il respire, son existence est complète.

S'il trouve dans le sol une nourriture abondante, si l'air lui fournit en quantité suffisante les gaz nécessaires à sa vie, il grandit et se développe rapidement.

A mesure que ses veines ou vaisseaux de circulation augmentent de grandeur, ils se remplissent, à l'aide des suçoirs des racines, des sucs préparés dans la terre par l'action des divers éléments. Ce liquide qui circule dans leurs vaisseaux, c'est le sang des plantes auquel on a donné le nom de sève. Ce sang végétal est, comme le sang animal, composé de diverses matières bien distinctes ayant chacune leur rôle et leur mission dans la vie, dont elles sont l'essence.

Ces diverses matières sont élaborées, mélangées ou divisées par les animaux immédiatement dans l'estomac qui fait partie de leur être; pour les plantes, médiatement par la terre qui leur sert d'estomac.

Il en est de même pour l'air, aussi indispensable à la vie des plantes qu'à celle des animaux. Les animaux, munis d'appareils respiratoires, l'aspirent dans son état naturel et lui empruntent, pour se l'assimiler, une partie des gaz dont il est composé : les plantes, au contraire, absorbent seulement les parties qui leur conviennent, c'est-à-dire l'azote, l'acide carbonique et d'autres fluides contenus ou combinés dans l'air et qui échappent à l'analyse : et voilà pourquoi, ainsi que nous l'avons dit plus haut, elles n'ont pas de chaleur vitale.

Les plantes absorbant les sucs de la terre

tout élaborés et prêts pour l'assimilation, et empruntant à l'air les seuls gaz qu'elles peuvent aussi s'approprier, n'exercent en elles-mêmes aucun travail de digestion ou de respiration, c'est-à-dire aucun triage entre les parties assimilables et celles qui ne le sont pas ; elles n'ont par conséquent rien à rejeter ni à rendre directement, soit à l'air, soit à la terre ; en un mot, elles n'ont pas d'appareils d'expiration ou d'évacuation. Et, comme nous venons de le dire, elles n'en ont pas besoin, puisque, n'ayant ni poumons ni estomac, elles n'absorbent que des matières entièrement assimilables, absolument comme si les animaux, au lieu d'aliments bruts, absorbaient le sang, la bile, le chyle, tout préparés et n'empruntaient à l'air que l'oxigène nécessaire à la respiration ; évidemment, dans ce cas, tous les appareils digestifs et respiratoires leur seraient parfaitement inutiles, car il n'y aurait chez eux comme dans les plantes aucun résidu de la digestion ou de la respiration.

C'est donc bien à tort que l'on a cherché les canaux expiratoires ou excrémentiels dans le règne végétal. Il fallait avant chercher l'estomac et les poumons dans les plantes ; l'absence de ses viscères, facile à reconnaître, aurait naturellement donné à penser que le principal manquant, l'accessoire était inutile.

Ainsi les plantes sont, comme nous l'avons dit, des êtres imparfaits ou simples chez lesquels s'accomplissent toutes les phases de la vie en l'absence de toutes fonctions vitales. Elles vivent, absorbent la nourriture et l'air, grandissent, se reproduisent et meurent sans l'action directe d'aucun organe.

Elles ont leur sang, leur bile, leur chyle propre : ce sang et ces fluides remplissent leurs vaisseaux et produisent par leur solidification graduelle, à l'aide de la chaleur externe, les différents phénomènes de la végétation, de la floraison, de la fécondation et de la fructification. Là se borne leur rôle dans la nature, rôle passif mais immense, mais capital ; car, ainsi que nous l'avons expliqué, elles préparent les voies au règne animal, qui sans elles ne pourrait exister ; elles tiennent le milieu entre les corps simples entièrement inanimés et les corps organiques vivants : transition naturelle de la mort à la vie et participant de l'une et de l'autre, elles vivent sans mouvement, **sans** sensations et sans intelligence ; elles **vivent** comme vivrait un animal chez qui circulerait le sang et les autres fluides nécessaires à son existence directement absorbés par les vaisseaux de circulation, mais qui n'aurait ni tête, ni poumons, ni estomac.

La sève ou le sang des plantes n'agit qu'à l'aide de la chaleur extérieure arrivée à un certain degré, suivant les espèces ; semblables en cela à certains animaux dont le froid engourdit les sens et suspend toutes les fonctions vitales. Nouvelle preuve de cette intime affinité entre tous les corps organiques ayant tous la même origine, composés des mêmes corps simples et différant seulement par le rôle qu'ils sont appelés à jouer dans l'admirable œuvre de l'organisme sur la terre.

La sève des plantes, comme le sang des animaux, remplit graduellement leur vaisseaux à mesure qu'ils s'agrandissent. Tant que ces vaisseaux sont pleins le sujet est en bonne santé, et l'absorption par les suçoirs des racines tend seulement à entretenir ce plein nécessaire, en remplaçant ce qui se dépense par la végétation des feuilles et des fleurs et par la production des fruits, et même par la transpiration ; car si les plantes n'ont pas d'appareils respiratoires et excrémentiels, nous pensons cependant que l'on doit admettre comme un fait incontestable qu'elles transpirent, c'est-à-dire qu'elles laissent échapper par leurs pores une partie de leur sève. Notre conviction à cet égard se fonde sur cette observation journalière que, dans les temps orageux, quand l'air est *lourd*, suivant l'expression impropre mais reçue, et que la transpiration des animaux est abondante, les plantes transpirent tellement aussi que leurs feuilles se flétrissent et sont comme desséchées : évidemment l'excès de la transpiration par les pores des feuilles est la seule cause de ce vide momentané dans les tissus de leur parenchyme.

Les vaisseaux des plantes doivent donc être toujours pleins de sève, pour qu'elles soient en bonne santé. Dès que par le manque d'absorption il s'y établit un vide, la plante souffre, languit et se fane ; si le vide continue, elle se dessèche et meurt. Mais si au moment où elle est déjà fanée on verse sur ses racines seules de l'eau, elle se ranimera comme par enchantement ; ce qui contredit déjà victorieusement le système que l'on cherche à établir, que le règne végétal tirant uniquement sa subsistance de l'air à l'aide des feuilles, les racines ne servent en rien à la nutrition des plantes et sont seulement leurs canaux excrémentiels.

Les prôneurs de ce système se fondent surtout sur cette observation dont nous avons déjà parlé, que certaines plantes, les choux entre autres, arrachés de terre, n'en continuent pas moins à végéter et même à donner des graines.

Ils citent encore à l'appui de leur opinion, comme nous l'avons déjà dit, des exemples empruntés à des carottes qui poussent des fanes et des feuilles, et à des pommes de terre qui ont produit des tubercules sans aucun contact avec la terre.

Les partisans de ce système erroné et quelques autres auteurs qui, par les mêmes raisons, inclinent à penser comme eux, n'ont pas fait attention à cette particularité capitale que ce phénomène de végétation et de fructification même, sans le concours direct de la terre, ne s'opère que dans les végétaux à tiges ou à racines aqueuses, c'est-à-dire chez lesquels la nature prévoyante a accumulé une réserve de sève qui, en cas d'accident, peut suffire avec l'humidité de l'air à l'achèvement de leur mission dans la nature. Que l'on fasse la même expérience sur une plante à tige creuse, et l'on verra si au bout de quelques jours elle ne sera pas entièrement desséchée et morte.

Comme nous l'avons déjà expliqué, il y a une analogie constante non seulement entre toutes les règles et les phases ordinaires de la vie du règne animal et végétal, mais encore dans les exceptions de ces règles et dans les phénomènes de ces phases.

Cette analogie si évidente et si remarquable dans certains animaux dormeurs chez lesquels, comme dans les plantes, toutes les fonctions vitales sont suspendues pendant l'hiver entier, on la retrouve ici non moins évidente, non moins remarquable.

Dans ces plantes dont les tiges et les racines aqueuses ou pulpeuses contiennent une provision de sève accumulée dans les moments d'abondance pour être graduellement dépensée dans les temps de disette, ne voyons-nous pas s'accomplir absolument le même phénomène que dans le chameau, dont l'estomac contient un réservoir d'eau pour la longue traversée du désert ?

Dans l'animal comme dans les plantes, cette eau de réserve existe toujours, lors même que chaque jour ils peuvent s'abreuver ; elle est toujours en eux prête pour les éventualités, et peut-être si l'on voulait pousser jusqu'à ses dernières conséquences cette ressemblance et cette analogie, on arriverait à reconnaître pourquoi certaines plantes furent aussi, par la providence, douées de cette faculté dont tant d'autres sont privées.

Il est si vrai que dans les exemples divers cités à l'appui d'un système hasardé, la force de la sève contenue dans les végétaux privés de tout contact avec la terre est seule suffisante pour continuer et même achever l'œuvre de la végétation, que, dans certaines circonstances, cette force seule suffit à ce travail sans le concours de l'humidité de l'air à qui on en attribue tout le mérite. Si l'on abat et l'on ébranche un peuplier ou tout autre arbre au mois de mars, avant même que la sève soit en mouvement, quand viendra l'époque de la végétation, *la force seule de la sève qu'il tenait en réserve fera pousser à cet arbre des brindilles et des feuilles comme s'il était toujours en contact avec la terre ;* et l'on ne pourra pas dire dans ce cas que la végétation a lieu par l'intermédiaire des feuilles absorbant les vapeurs humides de l'air, puisque cet arbre en était entièrement dépourvu quand il a commencé à végéter, et que toujours il meurt, quoique tout couvert de feuilles, aussitôt que dans ce dernier effort il a épuisé sa dernière provision de sève qu'il ne peut plus renouveler en l'empruntant à la terre à l'aide de ses racines.

Enfin nous donnerons une dernière preuve à l'appui de cette opinion : — les plantes et les arbres se nourrissent par leurs racines et respirent seulement par leur feuillage. Quand au mois de mai on abat un arbre en pleine végétation, pourquoi se fane-t-il entièrement en quelques jours ? Sans nul doute, s'il pouvait se nourrir par ses feuilles il vivrait longtemps encore, puisqu'il en est couvert ; mais comme elles lui servent seulement à s'assimiler les gaz de l'air, il ne peut pas plus exister par leur aide seul , qu'un animal privé d'aliments ne peut vivre en aspirant de l'air seulement : évidemment alors cet arbre meurt de faim , faute de la nourriture qu'il recevait du sol par ses racines, nourriture indispensable que ni l'air, ni l'eau du ciel absorbés par son feuillage ne peuvent suppléer un instant pour l'entretien de sa vie.

Il faut donc reconnaître, à moins de vouloir nier la lumière en plein midi, il faut, disons - nous , reconnaître comme des faits naturels , évidents , rationnels et incontestables :

1° Que les plantes , corps végétant à l'aide de la sève comme les animaux vivent à l'aide du sang , ont aussi leurs vaisseaux toujours pleins de cette sève par l'emprunt continuel qu'elles en font à la terre par les suçoirs de leurs racines , pour remplacer celle qu'elles emploient à l'œuvre de la végétation , de la floraison et de la fructifica-

tion, ou qu'elles perdent par la transpiration ;

2° Que la santé des plantes n'est parfaite,
et par conséquent l'accomplissement des
fonctions de la vie ne s'opère chez elles d'une
manière satisfaisante qu'autant qu'il existe
toujours une juste proportion entre la quantité de sève et les besoins réels de cette
vie ;

3° Enfin, que dans le règne végétal comme
dans le règne animal, de la surabondance
de la sève ou du sang viennent la pléthore
et la stérilité, et de leur insuffisance résul-
tent la faiblesse et le dépérissement.

Nous aurons donc à éviter également ces
deux excès opposés ; et l'observation de cette
règle naturelle de l'hygiène des plantes est
une des plus importantes obligations du cultivateur, et sera l'objet de notre sérieuse
étude.

Il nous paraît donc prouvé d'une manière
inattaquable que les végétaux se nourrissent
par leurs racines en recevant de la terre la

sève toute préparée, sève qui remplit leurs
vaisseaux comme le sang remplit les veines
des animaux. Comment agit cette sève dans
l'œuvre de l'organisation des plantes ? Nous
croyons que ce n'est pas par une circulation
ascendante et descendante dans les vaisseaux,
comme on le prétend, mais par un épanchement continu dans leurs tissus organiques,
c'est-à-dire qu'à mesure qu'une partie de la
sève se transforme en matière végétale, l'é-
quilibre se rétablit à l'instant par une égale
quantité de liquide absorbé par les racines ?
C'est le système qui nous paraît le plus probable et même le seul admissible ; car pour
qu'il y ait un effet produit, il faut une cause :
où donc serait dans les végétaux le moteur
pour donner le mouvement au fluide vital ?
S'ils n'ont ni poumons ni estomac, ils n'ont
pas de cœur non plus, par conséquent ils
n'ont pas de circulation du sang proprement
dite. Ils sont des vaisseaux inertes pleins de
sève ; et à mesure que cette sève diminue
par une raison quelconque, l'absorption des

sucs de la terre par les racines et des gaz de l'air par les feuilles vient remplir le vide et rétablir l'équilibre. C'est l'effet produit par un corps spongieux, qui, sans cesse desséché par l'air circulant autour de son milieu, serait en contact par les deux bouts avec l'humidité.

Les curieuses expériences faites sur des arbres dont on est parvenu à changer les branches en racines et les racines en branches (1), sont une preuve toute puissante à l'appui de cette opinion.

En effet, ce renversement serait impossible si la circulation de la sève s'opérait dans les végétaux comme dans les animaux. Un arbre ainsi retourné ne pourrait pas plus végéter dans ce cas, qu'un homme ne pourrait vivre la tête en bas et les pieds en l'air.

Les belles expériences du docteur Bouche-

---

(1) M. le duc de Raguse, dans son voyage en Hongrie, dit avoir vu une belle allée d'arbres, bien venant, que l'on avait plantés ainsi les racines en l'air.

rie viennent encore confirmer ce système et détruire ceux qui ont voulu donner dans les plantes, à la sève, une circulation ascendante et descendante. D'après ces expériences, il résulte clairement que les végétaux ont un seul genre de vaisseaux qui sont habituellement pleins de sève, mais rien ne prouve que cette sève y soit en mouvement : tout semble confirmer au contraire ce que nous venons d'expliquer, que la sève s'y tient dans un niveau constant et régulier, au moyen de l'absorption des fluides empruntés à l'air et à la terre par les plantes, à mesure qu'elles les dépensent dans l'accomplissement de leurs fonctions vitales.

Ces faits que nous venons d'exposer et qui nous paraissent incontestables une fois admis, nous aurons fait un grand pas vers le but auquel nous tendons.

La terre étant l'estomac des plantes, élaborant pour elles les substances qui leur conviennent et les leur livrant toutes prêtes pour l'assimilation, le chimiste cultivateur

aura bien des points importants à observer
pour le succès de son œuvre.

Le premier et le plus essentiel de tous,
c'est de mettre le sol en position de fournir
aux plantes des aliments de leur goût et analogues à leur nature, afin qu'elles puissent
se les assimiler plus facilement et en plus
grande quantité.

Chaque genre de plante ayant une constitution différente de celle des autres, s'assimile de préférence les substances qui ont
le plus d'affinité, de rapports avec celles dont
elles sont composées ; et c'est sur cette observation que s'est fondé le système de la
culture alterne, dont nous aurons à nous occuper bientôt.

Les matières animales et végétales en décomposition paraissent convenir à la nourriture de toutes les plantes en général ; mais
cependant il est certain que, dans cette
masse de substances assimilables, chaque espèce choisit celles qu'elle préfère, celles qui
conviennent le mieux à sa nature, à sa

constitution ; et si une quantité d'engrais donnée devait servir à l'alimentation d'un seul genre de plantes, une assez grande partie de cet engrais ne serait pas assimilée par elles et resterait dans le sol ou serait absorbée par l'air.

Le cultivateur chimiste devra donc porter toute son attention sur cette question si essentielle, si importante : — quel est le genre d'engrais qui convient le mieux à l'alimentation de telle plante dans un but donné ? car il faut encore remarquer que les engrais agissant diversement sur les plantes, on doit en varier la nature et la quantité suivant le but qu'on se propose.

Aux récoltes destinées à être fauchées en vert, l'excès d'engrais est rarement nuisible ; il peut l'être beaucoup à celles destinées à porter graine.

Pour les racines exclusivement attribuées aux animaux, on peut employer les engrais très-chargés d'ammoniaque, et l'emploi de ces mêmes engrais ne convient nullement pour les légumes ou racines destinés à la nourriture de l'homme, auxquels ils communiquent une saveur fort désagréable.

Une autre règle non moins importante à observer, c'est celle de proportionner toujours la nourriture aux besoins réels des plantes. C'est là, nous devons le dire, un des principaux écueils cachés contre lesquels l'agriculture actuelle vient souvent se briser sans les reconnaître. Il est incontestable, d'après les principes que nous croyons avoir clairement posés et expliqués, que l'engrais placé dans la terre ne sert à la nutrition des plantes que dans les conditions suivantes :

S'il est suffisamment décomposé et assimilable ;

S'il convient à leur nature ;

S'il est mis en contact avec leurs organes de succion.

Et lors même que toutes ces conditions seraient remplies, il faut reconnaître encore que les plantes en absorberont seulement la quantité justement nécessaire à l'accomplissement de leurs fonctions vitales : tout le reste sera, sinon entièrement inutile, du moins perdra la plus grande partie de sa valeur par l'action des éléments qui l'entraîneront ou l'absorberont.

En un mot, les plantes sont comme les animaux ; si on leur donne trop de nourriture, elles en prennent seulement ce dont elles ont besoin, le reste est gaspillé et perdu.

Et même dans le règne végétal cet excès de nourriture est bien plus dangereux que pour le règne animal.

L'embonpoint dans les animaux en augmente la valeur ; la pléthore dans les plantes en les faisant *verser*, cause la pourriture des fourrages et la stérilité des céréales.

Peu importe donc qu'une quantité de fumier donnée produise une belle récolte, s'il est mathématiquement prouvé que la même quantité, plus habilement employée, aurait pu donner deux belles récoltes au lieu d'une ; et, nous ne craignons pas de le dire, c'est ce qui arrive habituellement par l'imperfection des méthodes actuelles de fumure.

Sur cent parties de matières assimilables ainsi confiées à la terre dans le but d'une production végétale quelconque, moins de cinquante peut-être sont assimilées par suite du défaut d'observation des règles que nous venons d'indiquer. Quelle perte immense et irréparable ainsi consommée chaque année sans retour !

Au reste, nous ne pouvons nous le dissimuler, la découverte et l'application d'une méthode de fumure meilleure, plus utile, plus rationnelle et remplissant entièrement le but de l'assimilation presque totale de l'engrais, nous paraît présenter de grandes et sérieuses difficultés, mais nous ne les croyons pas insurmontables. Nous pensons qu'avec de l'intelligence, de l'application et de la persévérance, l'agriculture peut arriver à ce point de perfection de régler la nourriture des plantes comme elle règle celle des animaux qu'elle emploie, et ce sera là une incalculable amélioration ; car , nous le disons hautement , les agriculteurs gaspillent aujourd'hui leurs engrais comme ils gaspilleraient leur avoine s'ils en remplissaient à plein bord à chaque repas l'auge de leurs chevaux.

Sans doute , comme nous venons de le dire , il y a de sérieux obstacles à la solution de ce problème capital.

Pour le résoudre , il faudrait connaître le goût particulier de chaque plante pour telle ou telle substance et la proportion dans laquelle elle peut l'absorber dans un temps donné , et puis la mettre à la portée précisément la plus convenable , la mieux calculée des suçoirs de ses racines.

Toutes ces conditions sont fort difficiles à remplir, mais elles ne sont pas impossibles. Leur exécution mérite d'être prise en sérieuse considération par les jeunes agriculteurs , auxquels nous serions heureux d'avoir fait envisager cette partie de leur art sous un point de vue tout nouveau.

Qu'ils se mettent à l'œuvre après avoir mû-

rement réfléchi aux principes généraux posés
dans cet ouvrage, et nous n'en doutons pas,
un plein et éclatant succès couronnera leurs
efforts.

Ils peuvent parvenir, ils parviendront avec
le temps à donner à chacune de leurs récoltes sa ration d'engrais nécessaire, suffisante et de prédilection comme à chacun de
leurs troupeaux sa ration de foin.

Et n'avons-nous pas déjà dans l'agriculture
un puissant et encourageant exemple à l'appui de cette heureuse prévision ?

Le plâtre n'a-t-il pas déjà résolu ce problème, en ce qui concerne la famille des
plantes légumineuses ?

La découverte des effets miraculeux de la
combinaison de l'acide sulfurique avec la
matière calcaire sur un genre de plantes,
n'est-elle pas pour nous comme un avertissement du ciel que, pour tous les autres genres, il peut exister aussi une combinaison
naturelle ou chimique dont l'influence serait
aussi favorable sur leur végétation que celle
du plâtre sur les légumineuses ?

Dans cette merveilleuse puissance d'une matière commune de doubler, de tripler l'accroissement de la végétation , de faire produire en plus au sol une quantité de matière végétale dont le poids est souvent trois fois supérieur à celui de la quantité d'amendement employé , n'y a-t-il pas un bien grand encouragement à chercher pour les autres genres de plantes cultivées par l'homme , un amendement ou un engrais ayant la même puissance relative?

Nous disons un *amendement* ou un *engrais ,* car la science n'a pas encore expliqué d'une manière claire et satisfaisante comment agit le plâtre dans sa phénoménale action sur les légumineuses.

Quant à nous, nous sommes convaincu que cette action est médiate et immédiate , c'est-à-dire qu'il est en partie du moins directement absorbé par les plantes, et qu'il leur sert en même temps d'agent intermédiaire en attirant certains gaz de l'air et en favorisant leur absorption. Mais quelque soit du reste sa manière d'agir, ses immenses et prodigieux effets sont incontestables ; ils doivent être pour nous le sujet de profondes méditations et un puissant encouragement dans nos recherches d'un stimulant analogue pour les autres cultures.

Puisqu'un tel stimulant existe pour les légumineuses, il doit exister pour les céréales, les crucifères et autres familles : seulement, comme les combinaisons organiques de ces plantes diffèrent entre elles, ces stimulants doivent aussi différer entre eux ; et voilà pourquoi le sulfate de chaux, si puissant sur les légumineuses, est sans influence marquée sur le produit des autres plantes.

Vous le voyez, jeunes agriculteurs, un vaste champ s'ouvre devant vous ; de grandes et nobles récompenses sont promises à votre zèle éclairé et à vos intelligents efforts vers ce but que nous vous montrons de loin.

Ce but, c'est la découverte de la méthode la plus avantageuse, la plus économique pour opérer la composition de la matière végétale.

Et quand vous voyez le plâtre augmenter miraculeusement les produits d'une famille de plantes, vous devez comprendre qu'il est possible d'obtenir les mêmes résultats sur d'autres végétaux par d'autres combinaisons des principes organiques.

Dès lors n'est-ce pas une chose désastreuse et déplorable que la méthode actuelle, par laquelle on retire des engrais confiés à la terre une si faible partie de leurs principes assimilables à l'organisme végétal? Quelle immense richesse irréparablement perdue par notre ignorance et, il faut bien le dire aussi, par notre impardonnable négligence!

Les engrais portés dans les champs y sont jetés et répandus sans ordre, sans attention et sans soin. La plupart du temps ils ne sont pas mis en contact avec les plantes qu'ils doivent nourrir : une grande partie reste exposée sur la terre à l'action absorbante des éléments ; une autre est trop profondément enterrée. Enfin nous avançons ici comme un fait incontestable, que, par la méthode actuelle de fumure, d'énormes quantités de substances assimilables ne servent pas à la nourriture des plantes placées dans le même récipient et s'évaporent en pure perte dans l'air, ou sont entraînées par les eaux.

Quel service ne rendrait pas à l'humanité l'homme qui apprendrait à l'agriculture à faire consommer utilement par les plantes la presque totalité des engrais dont le tiers l'est à peine aujourd'hui, par suite de l'imperfection des méthodes de fumure.

C'est là une grande et difficile tâche, mais nous ne la croyons pas impossible à accomplir. Avec du savoir, de l'intelligence et du tact, à l'aide d'observations et d'expériences suivies avec soin et persévérance, ce problème peut être heureusement résolu.

La découverte d'une substance combinée ou simple ayant une action aussi puissante sur les céréales que celle du sulfate de chaux sur les légumineuses, opérera dans l'économie politique et sociale une révolution dont

les conséquences sont aujourd'hui incalculables.

Mettez-vous donc à l'ouvrage, vous tous
qui comprenez la portée de l'œuvre immense
qu'il s'agit d'accomplir. Mais, en attendant
cette précieuse découverte, efforcez-vous de
diminuer les ruineux inconvénients de la méthode actuelle en appliquant les engrais d'une
manière plus directe, plus immédiate, aux
plantes qu'ils doivent nourrir. Vous aurez
pour cela bien des études à faire, bien des
obstacles et des préjugés à vaincre ; mais ne
vous laissez pas décourager par ces difficultés, le succès qui vous attend est assez
beau pour être chèrement acheté.

Il s'agit de modifier non seulement l'emploi
de l'engrais, mais aussi l'engrais lui-même
pour le rendre promptement et presque totalement assimilable par les plantes pendant
le court espace de leur vie.

La solution de ce problème demande de
grandes études et un esprit d'observation et
de persévérance peu commun. Au lieu de

jeter et d'enfouir pêle-mêle dans la terre une masse de matières organiques dans un état incomplet de décomposition , état qui les rend impropres en grande partie à la nutrition des plantes, il faudrait amener d'abord le fumier à l'état convenable pour l'assimilation et le donner ensuite aux plantes directement en quantité justement nécessaire à leurs besoins ; il faudrait, en un mot, que la terre ne fût saturée d'engrais que dans les parties à la portée des racines des plantes, et que dans ces parties elle en contînt seulement la quantité justement nécessaire à l'accomplissement de leur œuvre.

Voilà le problème posé , heureux celui qui le résoudra ; il aura bien mérité de ses semblables ; il aura plus fait pour son pays qu'un conquérant qui le doterait de dix provinces.

Et qu'on le remarque bien , ce que nous disons ici ne détruit pas ce que nous avons dit sur la manière d'augmenter et d'entretenir la fertilité ordinaire du sol.

Cette augmentation et cet entretien seront

toujours la loi la plus impérieuse de l'agriculture ; car lors même que l'on parviendrait à perfectionner, autant que nous venons de l'indiquer, la méthode actuelle de l'emploi des engrais, la fertilité permanente et foncière du sol n'en serait pas moins une condition nécessaire de la prospérité de l'agriculture ; car l'action des engrais nouveaux est plus ou moins efficace, ainsi que nous l'avons expliqué, suivant le plus ou moins de fertilité possédée d'avance par la terre : le plâtre lui-même n'agit avec toute sa puissance que sur les légumineuses semées dans un sol engraissé de longue main.

Nous ne terminerons pas cette partie de notre ouvrage, relative à la nutrition des plantes, sans avouer que, malgré les explications que nous avons données sur cette partie si intéressante et si importante de la science agricole, elle est encore sous bien des faces entourée d'une impénétrable obscurité. Nous n'avons pas la prétention d'avoir entièrement levé le voile qui couvre ces grands secrets de la nature. Nous croyons l'avoir soulevé seulement assez pour faire entrevoir à nos jeunes lecteurs les premières lueurs de l'aurore du jour tant désiré qui doit les éclairer enfin sur ces œuvres mystérieuses, objet de tant de doutes et de controverses animées.

Si nous ne les avons pas conduits au but, nous le leur avons au moins montré du doigt; et, nous n'en doutons pas, il sera enfin atteint par leurs persévérants efforts.

Plus heureux que nous, ils sauront un jour comment peut se réduire à sa plus grande simplicité cette œuvre merveilleuse de la composition de la matière végétale.

Ils sauront à l'aide de quels ingénieux mécanismes les plantes se nourrissent, respirent, se développent et se reproduisent. Ils connaîtront les profonds secrets de la coloration des feuilles et des fleurs, et ceux non moins mystérieux de la création et de l'émanation de leurs parfums.

Puissions-nous être témoins de leur succès

dans cette carrière où nous les avons appelés à nous suivre puisse se réaliser pour eux ce bonheur envié par un grand poète :

Felix qui potuit rerum cognoscere causas (1).

Pour nous, nous continuerons à consacrer le reste de nos jours à l'étude de cette science si profonde, si riche et si attrayante, à la pratique de cet art si grand et si noble dont nous avons cherché à faire connaître toute la beauté, toute l'importance. Nous chercherons à pénétrer plus avant encore dans ses magnifiques secrets, dont le soupçon est entré dans notre esprit. Nous les aiderons autant qu'il sera en nous dans son étude et dans son culte ; nous encouragerons leurs efforts et nous applaudirons avec bonheur à leurs succès.

A l'œuvre donc, jeunes cultivateurs ; vous avez du temps et du champ devant vous.

(1) Heureux celui qui a pu connaître la cause des choses !

Après la nutrition des plantes, nous aurions à nous occuper des différentes fonctions vitales qui en sont la conséquence naturelle. Nous aurions à rechercher comment s'opèrent les phénomènes de la feuillaison, de la floraison, de la fécondation et de la fructification, intéressants mystères que la science a jusqu'à présent à peine effleurés et dans lesquels sans doute elle pénétrera avec peine et lenteur, si jamais toutefois elle peut les dévoiler entièrement. Mais ces études et ces recherches si difficiles et cependant si attachantes nous éloigneraient trop du but que nous nous sommes posé, but que nous avons hâte d'atteindre pour éviter à nos lecteurs l'ennui d'une trop longue excursion sur cette route difficile où ils ont bien voulu nous suivre.

Nous dirons seulement que l'accomplissement de toutes les œuvres de la vie des plantes vient confirmer nos assertions relatives à cette intime affinité existant entre le règne végétal et le règne animal, produit par les mêmes matières et procédant directement l'un de l'autre.

Il existe dans ces deux règnes entre quelques-unes de leurs substances, des analogies évidentes et facilement appréciables par les sens.

Et comment pourrait-il en être autrement, puisque, ainsi que nous l'avons expliqué, la matière végétale n'est pas autre chose que la matière animale au premier degré de transition de l'inorganisme à l'organisme? N'est-ce pas alors une chose bien naturelle cette analogie entre diverses substances des deux règnes, substances toujours moins avancées vers la perfection dans le règne végétal que dans le règne animal? Ainsi l'on retrouve dans les plantes à l'état rudimentaire l'albumine, la graisse et diverses autres matières essentiellement constitutives du règne animal ; le pollen, dans certaines plantes et dans certains arbres, le gluten, dans les céréales, ont une analogie évidente, incontestable avec les substances animales.

Nous pourrions appuyer de mille autres preuves cette affinité naturelle entre ces deux organismes, qui réellement sont une seule et même chose comme l'œuf et l'oiseau ; mais il nous semble inutile d'insister davantage sur l'évidence d'un système dont la principale force est dans sa grande simplicité.

Par l'adoption de ces idées tout change de face dans la nature pour l'observateur qui sait comprendre l'admirable œuvre de l'organisme. Cette humble plante qu'il foule aux pieds est à ses yeux tout autre chose qu'un brin d'herbe inutile : c'est un être doué de la vie végétale dont le rôle obscur, mais immense et capital, est de préparer les voies à une vie plus parfaite en empruntant sans cesse aux éléments, pour les élaborer, les combiner et les solidifier, les principes vivifiques destinés à former et entretenir l'organisme vivant.

Ces mêmes matières dont se compose aujourd'hui cette plante inerte et privée de sens, ont peut-être autrefois fait partie d'un être intelligent et mobile ; peut-être elles ont déjà participé à cette vie à laquelle elles reviennent par l'organisation végétale , après être retournées par la désorganisation animale aux éléments ; puis elles leur reviendront un jour encore pour continuer, pendant la durée des siècles, à tourner dans le cercle infini de l'organisation et de la désorganisation des principes de la vie sur la terre.

Nous nous arrachons avec peine à ce thème magnifique dont notre imagination embrasse amoureusement les ineffables et mystérieuses beautés. Nous pourrions y trouver encore bien d'autres richesses, si nous voulions en sonder plus long - temps les inépuisables trésors ; mais , nous le comprenons , il est temps de mettre un terme à notre audacieux essor dans ces sublimes régions de la science , il est temps de redescendre sur la terre.

Ainsi , pour résumer succinctement nos travaux dans une rapide analyse , nous avons préparé le récipient, nous lui avons confié les germes des plantes ; elles sont nées , elles se sont développées, et nous avons expliqué le mode le plus rationnel et le plus avantageux de les nourrir par l'entremise de la terre qui leur sert d'estomac.

Nous allons maintenant nous occuper des moyens d'entretenir toujours le sol dans un parfait état de fertilité ; car de la santé de la terre dépend surtout la prospérité des plantes nourries des sucs élaborés dans son sein maternel, comme la santé des animaux dépend principalement de la manière dont s'accomplissent leurs fonctions digestives.

ALTERNAT DES RÉCOLTES.

L'expérience de la pratique d'accord en cela avec les principes théoriques que nous venons de développer a fait de tout temps reconnaître la variété d'*alternat* des récoltes comme étant également favorable à la terre et aux plantes.

Tous les auteurs grecs et latins recommandent cette méthode de culture , semblent n'en pas connaître et ne pas même supposer qu'il en puisse exister d'autre. Un passage de Tacite est la seule trace qui reste de l'existence de la culture alterne chez les anciens Germains : *Arva per annos mutant.* Mais il n'en faut pas davantage pour prouver qu'elle y était pratiquée comme chez tous les autres peuples de l'Europe ; et cela devait être , car tout se réunit pour démontrer la bonté , l'utilité , la nécessité même de cette coutume universelle. Elle est basée sur cette immuable loi de la diversité de tous les êtres organiques , et par conséquent sur la diversité des corps simples dont ils sont composés. Or les végétaux s'assimilant seulement par la succion de leurs racines les matières qui ont de l'analogie , de l'affinité avec leur propre substance , il en résulte évidemment qu'un genre de plante épuise sur tout le sol du genre de substance qui lui convient et lui laisse tout entières celles qui conviennent mieux à d'autres genres. Ainsi pour utiliser tous les sucs assimilables d'une terre , il faut lui faire porter successivement des récoltes variées ; et ce but sera d'autant mieux et plus sûrement atteint , que la nature des plantes se succédant immédiatement sera plus différente.

Non seulement tous les auteurs grecs et latins sont d'accord sur ce point important en agriculture , de la nécessité d'alterner les récoltes pour assurer leur succès et pour entretenir plus facilement la terre dans un état permanent de fertilité ; mais Virgile va même plus loin , il dit : La diversité des récoltes repose les champs , *mutatis quiescunt fœtibus arva*. Et cette assertion qui paraît d'abord empreinte d'exagération est vraie cependant , s'il a voulu parler du repos que donne au sol telle récolte relativement à telle autre. Ainsi les prairies artificielles , les plantes étouffantes fauchées en fleur , semblent donner du repos à la terre relativement aux céréales, qui souvent viennent mieux après ce genre de récoltes qu'après la jachère complète.

Nous n'insisterons pas plus long-temps sur cette nécessité généralement reconnue de l'alternat des récoltes, pour assurer, à des conditions avantageuses, la fertilité permanente du sol au moyen des engrais convenablement appliqués ; car s'il n'est pas impossible d'entretenir long-temps la permanence de cette fertilité pour le même genre de récolte au moyen du fumier seul, il faut dans ce cas faire des dépenses considérables que le produit net est bien loin de couvrir.

Ainsi le cultivateur devra non seulement alterner chaque année les récoltes de ses champs, mais il devra encore régler la succession des diverses plantes d'après leur genre et suivant leur nature. Il évitera autant que possible de faire suivre une espèce de récolte d'une autre ayant avec elle une affinité quelconque ; car souvent deux plantes, bien qu'appartenant à des familles très-différentes, contiennent cependant dans leur composition des principes analogues.

Ainsi les tubercules de la pomme de terre,

si différents en tous points des divers grains de céréales, contiennent comme eux des matières amilacées, et voilà pourquoi les pommes de terre sont un si mauvais précédent pour le froment et autres céréales. On doit donc éviter avec un soin particulier non seulement de faire succéder les céréales aux céréales, mais encore à celles-ci et à tout autres plantes des plantes ayant avec elles un rapport quelconque, une affinité même très-peu sensible. C'est là une règle fondamentale dont un bon agriculteur ne s'éloignera jamais, et dont le mépris ou l'oubli sont toujours définitivement plus coûteux que ne le pensent ordinairement ceux qui s'en rendent coupables.

Si dans une cage contenant trois sortes de grains, du chenevis, de la navette et du millet, par exemple, vous mettez des oiseaux se nourrissant exclusivement de millet, ils y vivront bien d'abord; mais quand ils l'auront épuisé, si vous les y laissez ou si vous les remplacez par une autre espèce ayant les mêmes goûts, ils y mourront de faim. Si au contraire vous y mettez d'autres oiseaux se nourrissant de chenevis , ils y vivront bien comme les premiers , et il en sera de même d'une troisième espèce préférant la navette et succédant à la seconde. Ainsi dans cette prison où plus de dix oiseaux vivant de la même graine n'auraient pu subsister au-delà d'un temps donné, trente ont successivement vécu pendant un temps trois fois plus long , parce qu'ils se sont chacun approprié à leur tour les graines qui leur convenaient.

Il en est de même des végétaux , puisque la terre est aussi pour eux une prison dans laquelle ils doivent vivre forcément des aliments mis à leur portée.

Trois espèces de plantes différentes , en s'appropriant chacune à leur tour les aliments de leur goût , prospéreront dans le même champ où la seconde récolte de deux plantes analogues donnera des produits nuls ou insignifiants , et même dans ce second cas la terre sera plus épuisée que dans le premier.

Nous pourrions étayer cette règle d'un

grand nombre d'exemples frappants et de preuves incontestables; mais comme elle est généralement connue et suivie par tous les bons praticiens, nous pensons en avoir dit assez pour engager les jeunes agriculteurs à suivre ce salutaire exemple.

ASSOLEMENTS.

De ce principe invariable et de cette loi naturelle de *l'alternat* des récoltes est né *l'assolement*, c'est-à-dire la désignation d'un rang fixé à l'avance, pour chaque genre de plante, dans une succession de récoltes sur le même champ pendant un temps donné.

L'assolement est né quand l'agriculture est devenue une science, car cette science comme toutes les autres a voulu avoir ses aphorismes et ses formules.

Il est né, parce que dans l'arène agricole à chaque champion il a fallu son étendart et son cheval de bataille.

Vous préférez tel assolement par tels et tels motifs ; et bien moi je préfère tel autre par telle et telle raison.

Et alors chacun d'élever sa bannière et d'enfourcher son *dada* ; car l'*assolement* c'est le dada des agriculteurs.

Assolement triennal , quadriennal , quinquennal , sextennal , octennal et décennal !...

Nous en avons eu de toutes couleurs , de toute nature et de toute durée....

Autant d'assolements que d'écrivains , *tot capita tot sensus....*

Et c'est tout simple : que serait donc un ouvrage ordinaire d'agriculture sans le chapitre des assolements ?

Que deviendrait un pauvre écrivain à moitié noyé dans l'océan des redites et des lieux communs contre l'*improductive et désolante jachère,* s'il n'avait pas un petit assolement pour se rattraper aux branches?

On peut dire en agriculture de l'assolement, comme on dit du style en littérature.

L'assolement, c'est l'homme....

Et pourtant s'il y a quelque chose au monde d'opposé à la raison, au simple bon sens même, c'est l'assolement en agriculture!.... car l'assolement c'est la règle fixe, et la règle fixe dans une science d'application variable, c'est l'axiome dans l'hypothèse ; vouloir soumettre le sol à une culture déterminée à l'avance, c'est vouloir imposer des lois aux saisons et des règles aux éléments.

L'agriculteur qui dit à sa terre, tu porteras invariablement, une année du blé, puis du trèfle, puis de l'avoine, etc., etc., ressemble au médecin qui dirait à son client vous mangerez tel jour ceci et tel autre cela, sans vous écarter un instant de ce régime ; ou au charretier qui dirait à son cheval, tu mèneras lundi du fumier, mardi du blé et mercredi tu laboureras....

Mais tout cela serait raisonnable et sage si le client du médecin ou le cheval du charretier avaient des jours invariablement semblables ; si du premier janvier au trente-un décembre rien n'était changé dans l'esto-

mac du premier ni dans la vigueur du second. Mais si l'homme ou le cheval tombe
malade, comment suivra-il le régime ou rem-
plira-il la tâche imposée?

Eh bien, il en est absolument de même
de la terre ; elle a ses bons et ses mauvais
jours comme l'homme et les animaux. Sa
force et ses facultés sont aussi soumises à
des variations imprévues dont souvent la
cause n'est pas plus facile à apprécier que
dans les êtres vivants ; et alors, nous le répétons, est-il sage, est-il rationnel, est-il
possible même de dire à un champ : Tu
donneras telle récolte tel an?

Ce n'est pas ainsi qu'agit le bon, le prudent agriculteur ; il ne fait pas violence à son
sol en le soumettant tyranniquement à sa
culture systématique.

Il cultive selon sa terre ; il la consulte, il
l'étudie et la charge chaque année selon sa
force.

L'agriculture, c'est l'hygiène de la terre ;
L'agriculteur en est le médecin....

Et comme un sage praticien, il ne lui ordonne rien sans lui tâter le pouls.

Quand il la voit forte, bien portante, regorgeant de santé, il lui demande alors un fort coup de collier.

Quand elle est languissante, il la ménage et la restaure peu à peu.

Quand elle est lasse, il la laisse sommeiller pendant quelques années sous le gazon des prairies artificielles.

Enfin lorsqu'elle lui paraît par trop épuisée, il lui permet même de se reposer un an dans l'*improductive jachère*, malgré les cris de haro des faux savants enfourchés sur leur dada.

Mais si parfois, ainsi que nous l'avons dit, la terre se montre tout-à-coup lasse ou malade sans cause apparente, ces cas sont rares, et le talent du bon cultivateur consiste surtout à la tenir toujours dans un état normal de santé, c'est-à-dire de fertilité permanente; et il serait aussi impossible de la mettre et de la maintenir dans cette position si désirable en suivant un assolement fixe et déterminé, qu'il le serait, nous le répétons, d'imposer d'avance à un homme un régime invariable, à un cheval un travail immuablement réglé.

Un tel système est subversif de toute bonne agriculture. Nous dirons plus, s'il était absolu, il rendrait la culture définitivement impossible; il faudrait, ou que la terre succombât sous l'assolement, ou que les *assoleurs* reculassent devant les conséquences de leur entêtement.

Rejetez donc bien loin de vous tous les systèmes d'assolement, quelqu'ils soient, jeunes agriculteurs qui comprenez votre art.

Ils sont bons seulement pour tromper les crédules et donner à la tête creuse de l'ignorance une apparence de cervelle.

Pulchrum caput, cerebrum non habet (1).

Ainsi dans vos successions de cultures, vous

(1) C'est une belle tête, ma foi, mais elle n'a pas de cervelle-

serez guidé, non par un *agenda* par année, mais par votre bon sens, votre discernement et l'état de votre sol. Fidèles observateurs des règles que nous avons posées et desquelles vous ne pourriez sans danger vous écarter, vous consulterez toujours l'état de votre terre avant de lui imposer une charge, et vous proportionnerez cette charge à ses forces présumées, en restant toujours au-dessous de la réalité dans l'appréciation de ces forces.

Après nous être livrés ensemble à l'étude des principes généraux d'agriculture, nous allons essayer d'appliquer ces principes d'une manière générale à la pratique de cette science, pratique d'autant plus difficile que ne pouvant avoir aucune règle absolument fixe, elle doit être déterminée par les circonstances diverses, et n'a pas d'autre guide que l'esprit d'observation ou plutôt l'instinct du cultivateur.

HYGIÈNE DE LA TERRE.

Nous avons cherché constamment à prouver dans cet ouvrage que tous les êtres dans l'univers étaient régis par une loi commune dans leurs fonctions analogues.

Nous persisterons dans cette assertion, et nous suivrons sans hésiter cette proposition jusques dans ses plus hardis corollaires.

Nous dirons donc :

La terre, considérée comme un être agissant et pouvant, c'est-à-dire doué comme les plantes et les animaux de facultés actives et d'une action féconde, a comme eux aussi sa santé et son hygiène.

Comme eux, elle est maigre ou grasse, débile ou forte, féconde ou stérile ;

Comme eux, elle se lasse et s'épuise par le travail, se délasse et se restaure par le repos et la nourriture ;

Comme eux aussi, elle souffre de l'excessive chaleur, des grands froids et de l'humidité surabondante.

Sa santé peut, comme la leur, être dérangée par un écart de régime et par des causes fortuites occultes ou apparentes.

Enfin, pour qu'il ne manque rien à la comparaison, plus la terre est maigre et lasse, plus les mauvaises herbes l'infestent et la dévorent, comme la vermine les animaux débiles et mal nourris, comme la mousse et le gui les arbres languissants.

Le cultivateur est le médecin chargé de veiller à l'hygiène de sa terre, c'est-à-dire à son entretien dans un état habituel de vigueur et de santé.

Il y parviendra facilement en lui demandant un travail en rapport avec sa nature et ses forces et en lui donnant à propos la nourriture et le repos nécessaires pour réparer ces forces.

En proportionnant toujours ce repos et cette nourriture aux efforts qu'il veut en exiger :

Et surtout en évitant de jamais laisser diminuer sa vigueur et altérer sa bonne santé ;
car, comme pour les animaux et les plantes,
il est plus facile et moins coûteux de l'entretenir en bon état en lui demandant un travail modéré, que de la rétablir dans cet état
après l'avoir épuisée par un travail excessif.
Cependant c'est là une faute bien commune
en agriculture, et de laquelle on ne saurait
trop se garder.

Beaucoup de cultivateurs après une récolte
fortement améliorante (une luzerne de douze
ou quinze ans de durée, par exemple),
s'imaginent pouvoir demander à leur terre
cinq ou six récoltes épuisantes sans entretenir sa fécondité par des engrais. C'est là un
déplorable abus permis seulement à des fermiers sortants. Mais le propriétaire, ou le
fermier ayant un long bail encore, doit se
plaire à maintenir une semblable terre dans
cet admirable état de fertilité qui fait sa joie
et dont il retire tant de profit.

Toujours, soit après un défrichement de

pré naturel ou de prairie artificielle ancienne mais encore vigoureuse et propre, soit après un arrachis de bois, nous avons donné une bonne fumure à la troisième récolte au plus tard, et toujours nous avons eu à nous applaudir de cette méthode. Les terrains défrichés ainsi traités conserveront une fertilité supérieure à toute autre, tandis que si, au contraire, on les épuise par une trop longue succession de récoltes sans fumier, ils deviennent bien vite semblables aux autres terres, et il n'est plus possible de leur rendre cette fécondité solide, exceptionnelle, due à un long repos et que rien ne peut remplacer; chaque moyen dans la nature a ses effets propres, et le repos influe sur la fertilité du sol d'une manière toute différente de celle des engrais, qui ne peuvent le suppléer entièrement sous certains rapports, pas plus que sous certains autres le repos ne peut suppléer entièrement les engrais, ainsi que nous l'expliquerons plus tard dans cet ouvrage.

Dès lors prenant toujours pour guide :

1° Les principes fondamentaux de l'assimilation végétale des substances analogues ;

2° Le rapport des moyens avec l'effet à produire ;

3° Et surtout la règle rigoureuse de la plus grande diversité possible dans les cultures successives sur le même champ, le cultivateur agira suivant l'état de la terre et ne cherchera pas à l'obliger à agir suivant sa science et ses caprices.

Et dans l'application de l'hygiène au sol, il devra suivre absolument les mêmes règles que celles qui s'appliquent à l'hygiène des animaux.

Les mauvaises herbes étant, comme nous l'avons dit, la vermine de la terre, leur abondance est un signe certain d'épuisement et de lassitude. Cet état maladif demande d'abord le repos absolu, ensuite un régime approprié pour rétablir peu à peu les forces.

On ne parviendrait pas mieux à remettre tout d'un coup une semblable terre dans un bon état de fertilité par une forte fumure, qu'à rétablir subitement dans un embonpoint convenable une rosse rongée par la gale et les poux en lui donnant du foin et de l'avoine autant qu'elle en pourrait manger.

On doit commencer par débarrasser le sol comme l'animal de sa vermine : une année de jachère complète suffit pour en détruire la plus grande partie et donner de la force à la terre par le repos. On poursuit son rétablissement par une culture étouffante légèrement fumée et fauchée en vert; puis, suivant les antécédents, on la complète par une récolte sarclée fortement fumée suivie d'une céréale de printemps avec graine de trèfle ou de sainfoin, suivant les circonstances.

Ainsi, d'abord le repos et le nettoiement; ensuite, encore le nettoiement avec un travail peu épuisant et une nourriture légère mais suffisante pour ce travail ; puis un dernier et vigoureux coup de brosse en même temps qu'on donne une forte nourriture, parce qu'on demande un bon coup de collier.

Enfin, on complète le rétablissement par un régime continu de repos, pendant un temps plus ou moins long, à l'aide d'une prairie pérenne. Il n'est pas de terre épuisée ou lasse qui ne puisse être remise par un semblable traitement. Nous avons voulu donner entre mille cet exemple pour mieux faire comprendre notre système, ses principes et ses lois.

Nous nous contenterons maintenant de poser les règles générales, laissant à l'instinct de chaque cultivateur le soin de les appliquer suivant les besoins et les circonstances variables comme la nature et l'état de ses terres.

Une règle positive, c'est qu'une bonne récolte présente est le gage le plus certain d'une bonne récolte future ; et *vice versa* une mauvaise récolte est un présage non moins certain d'une suite de mauvaises récoltes.

C'est là une loi naturelle, la misère engendre la misère.

Dès lors quand le cultivateur verra son champ annoncer une pauvre récolte, il devra le soupçonner las, épuisé ou malade par une cause occulte, quand même il aurait toutes les meilleures raisons possibles pour penser le contraire.

En vain aurait-il bien fumé, labouré, reposé même son champ, si la récolte est chétive, si le sol est couvert de mauvaises herbes, ce serait une grande faute contre l'hygiène d'y mettre la charrue pour le réensemencer immédiatement, comme le font bien des cultivateurs en pareille circonstance. Nous le répétons, à moins d'une cause bien connue, une récolte manquée est le signe certain d'une autre mauvaise récolte ; et le cultivateur, averti par cet incident, doit étudier l'état de sa terre et rechercher avec soin les causes de ce fâcheux symptôme inattendu.

Bien des causes souvent nuisent à la fertilité d'un sol qui semblaient devoir au contraire la favoriser.

Par la surabondance d'engrais chauds et secs ou l'excès d'amendement calcaire les plus belles espérances de l'hiver peuvent s'évanouir au mois de mai, parce que la plante se trouve alors comme placée entre deux feux, une terre rendue brûlante et un soleil ardent.

Nous n'en finirions pas si nous voulions énumérer toutes les causes qui souvent trompent l'espoir des laboureurs ; mais en étudiant leur sol, en le cultivant et le fumant selon les principes que nous avons posés, ils s'épargneront beaucoup de ces mécomptes toujours fâcheux et décourageants.

Ainsi, avec la jachère, comme moyen de restauration et de propreté ;

Avec les engrais, comme restaurants ;

Avec les amendements, comme divisants et stimulants ;

Avec les récoltes sarclées, comme moyen de propreté sans repos ;

Avec les récoltes améliorantes fauchées en vert, comme moyen de destruction des mauvaises herbes et d'abri contre le soleil et le vent ;

Avec les récoltes enterrées en vert, comme moyen de rafraîchissement et de division du sol ;

Avec les plantes épuisantes, comme remède contre la pléthore qui amène l'exubérance et la stérilité en faisant verser les récoltes.

Avec tous ces différents moyens, disons-nous, le cultivateur possède un système complet d'hygiène dont il lui reste à faire l'application avec sagesse et discernement, en ne perdant jamais de vue les règles fondamentales sans lesquelles une bonne culture est impossible.

Ainsi, pour donner encore quelques exemples de l'application de ces règles et de ce système, nous dirons au cultivateur : Quand vous craindrez d'avoir trop échauffé votre terre par une surabondance d'engrais ou de marnage, vous devrez lui appliquer un régime rafraîchissant, atonique, c'est-à-dire une récolte enterrée en vert ;

Quand vous aurez quelque raison de crain-

dre que votre blé verse dans une pièce trop
riche, vous lui substituerez un colza, un
lin ou tout autre plante épuisante qui laissera encore votre champ dans un bon état
de fertilité.

Un autre puissant moyen d'hygiène pour
la terre auquel le cultivateur devra apporter
une attention sérieuse et raisonnée, ce sont
les labours, leur profondeur, leur multiplicité et leur saison.

Mieux vaut saison
Que iabouraison,

a dit Olivier de Serres.

En effet, il importe bien moins en agriculture de beaucoup labourer que de labourer
à propos.

Telle terre veut être souvent et profondément remuée, telle autre demande des façons rares et peu profondes ; à celle-ci convient le labourage par un temps humide, à
celle-là il faut absolument un temps sec. Enfin, suivant la nature du sous-sol, le culti-

vateur verra dans quelle proportion, dans l'intérêt de la santé de la terre, il doit le mélanger à la croûte arable. En général, il est avantageux d'approfondir les labours; mais quand le sous-sol est infertile, il faut le mélanger avec précaution à la terre végétale et jamais surtout dans une proportion assez grande pour altérer sa fertilité même momentanément.

Enfin il donnera au labour de semaille une forme appropriée à la nature de son sol et au plus ou moins de sensibilité pour la chaleur ou l'humidité.

Il labourera à plat et sèmera à la herse les terres sèches qui ne craignent jamais l'abondance de l'eau.

Il fera des planches plus ou moins larges, plus ou moins bombées, dans les terres humides où l'eau séjourne l'hiver, séjour qui devient une grande cause de destruction pour les plantes confiées à ce genre de sol.

Et pendant que nous nous occupons de l'hygiène de la terre, nous croyons devoir nous appesantir sur une observation très-importante pour elle dans la question du labourage.

Les labours sont la toilette et le pansement de la terre, c'est-à-dire le moyen le plus ordinaire de la nettoyer et de lui donner sa nourriture.

Ils ont donc pour but principal de la débarrasser des herbes parasites, de la diviser, de l'ameublir et d'enfouir les engrais dans son sein pour la préparer à recevoir et à nourrir les germes des plantes.

Ce but atteint, le rôle utile des labours cesse; car le labourage, loin d'ajouter par lui-même à la fécondité de la terre, lui est plutôt nuisible en ce sens qu'en divisant et en mettant à découvert les principes organiques fertilisants contenus dans le sol, il les livre sans défense à l'avidité de l'air et favorise son action dévorante sur eux.

Il est en effet impossible d'admettre que les labours multipliés fertilisent la terre *en exposant tour à tour ses diverses parties à l'in-*

fluence des éléments, ainsi que tant d'auteurs l'ont pensé et écrit.

L'air en effet ne prête à la terre que contraint et forcé par l'œuvre de la végétation. Quand elle est entièrement dégarnie de végétaux, bien loin de lui rien fournir il lui enlève tout ce qu'il trouve à sa portée des principes vitaux volatisés par l'eau et le feu, ou l'humidité et la chaleur, ses deux puissants auxiliaires dans ses continuels larcins, ou plutôt dans ses reprises de ces mêmes principes qui lui ont appartenus et que la terre lui avait enlevés pour les livrer à la vie organique.

Il est donc bien évident que l'on doit borner les labours à la quantité justement nécessaire à l'ameublissement, au nettoiement et à l'engraissement de la terre ; et si parfois on obtient de bons effets actuels de façons multipliées, ce sera toujours au dépens de la fertilité réelle et permanente du sol.

On conçoit en effet que des labours réitérés dans une terre riche peuvent suppléer pendant une année à des engrais, car en divisant à l'infini les substances organiques fertilisantes contenues dans le sol, ils les rendent instantanément et complètement assimilables aux végétaux confiés à cette terre ; mais on a gaspillé en une seule fois la richesse organique qui eût pu servir à plusieurs récoltes, et la fertilité foncière de la terre a reçu une grave atteinte dont elle se ressentira long-temps.

Ainsi la véritable règle d'hygiène relativement au labourage pour la terre, c'est de la labourer autant, mais jamais plus qu'il est nécessaire à sa propreté, à sa division et à son mélange avec les engrais. Au-delà de ces besoins tout est de trop ; car les labours loin d'engraisser le sol, l'épuisent au contraire en facilitant l'exhalation, c'est-à-dire l'absorption par l'air des principes fertilisants dissous et ramenés à l'état de gaz par la chaleur et l'humidité, ont plus d'affinité avec l'atmosphère, leur source première et leur éternel réceptacle, qu'avec le sein de la terre, où ils sont seulement de passage pour accomplir une mission temporaire.

Enfin, nous vous le répétons, jeunes agriculteurs, le but constant de vos méditations et de vos efforts doit être de tirer le meilleur parti possible de votre terre, tout en la conservant dans un état permanent et toujours suffisant de fécondité.

C'est là le grand secret de la science de l'agriculture et de l'*hygiène de la terre*; et, nos lecteurs doivent le comprendre, il est aussi impossible de circonscrire cette science dans des règles invariables et fixes que celle de la médecine.

Les maladies et même leurs symptômes varient dans chaque terre comme dans chaque animal; les remèdes doivent donc varier de même suivant l'état et la nature du malade. La science agricole, l'hygiène de la terre, telle que nous la comprenons et nous efforçons de la faire comprendre, est donc comme la médecine une science d'instinct d'abord, puis ensuite d'étude et d'expérience.

Il est, en conséquence, impossible de tout enseigner dans cet art ; l'instinct n'est pas du domaine de la science, il naît avec l'homme et rien ne peut le suppléer entièrement.

Tous les cultivateurs ont le leur, et souvent il agit en eux à leur insu ; seulement il est plus développé et plus sûr chez les uns que chez les autres, voilà pourquoi il y a de bons et de mauvais cultivateurs ; cette différence d'instinct et de talent naturel aujourd'hui peu sensible encore chez les hommes adonnés à la culture de la terre, le deviendra de plus en plus à mesure que l'agriculture grandira, se développera et prendra son essor vers la perfection.

C'est la difficulté de la pratique libre et raisonnée de cet art qui a donné naissance à l'*assolement*, et cette observation fera encore mieux ressortir toute la nullité de ce système.

Pour échapper à cette difficulté d'une culture libre et basée sur l'état seul du sol, on a mieux aimé la soumettre à des règles déterminées. Dans cette hygiène systématique de la terre on n'applique pas le régime suivant les symptômes, on le décide, on l'impose à l'avance, advienne que pourra.

A l'aide de l'observation rigoureuse des principes généraux et fondamentaux et de l'étude des règles d'hygiène donnés dans cet ouvrage, tous les cultivateurs en s'attachant à connaître leur terre, en étudiant sa nature, ses goûts et ses caprices même, parviendront, nous n'en doutons pas, à en tirer le meilleur parti possible.

Ainsi, nourriture suffisante pour les efforts à faire, et, autant qu'il sera possible, donnée plus souvent et moins à la fois;

Engrais appropriés à l'état actuel du sol, à sa nature, et surtout à celle des plantes qu'ils doivent produire;

Diversité absolue dans les récoltes se succédant entre elles, en évitant même l'affinité la plus légère;

Propreté rigoureuse;

Travail en rapport avec les forces;

Repos absolu au besoin ;

Labours appropriés, suffisants, mais non multipliés : voilà les règles générales et fondamentales de l'hygiène de la terre.

En ne s'en écartant jamais, en les appliquant avec discernement, en les combinant entre elles suivant les lieux, les circonstances passées et les effets à obtenir, le cultivateur pourra compter sur un succès assuré ; il n'aura plus à redouter que les effets délétères des éléments, puissance irrésistible et capricieuse à laquelle l'homme ne sait opposer que des précautions souvent inefficaces, mais dont il peut du moins réparer en partie les dommages par des hersages, des roulages et des réensemencements partiels.

Mais surtout quand le cultivateur verra ses blés ou tout autre récolte en grande partie attaqués par la gelée, dépérir peu à peu et céder la place aux mauvaises herbes, qu'il ne balance pas un instant pour y mettre la charrue ; chaque jour de retard augmente le mal, et si, retenu par une fatale hésitation,

il les laisse subsister, non seulement il aura
une mauvaise récolte, mais la fertilité de la
terre sera pour long-temps altérée.

Ce que nous venons de dire des récoltes
maltraitées par la gelée ou les intempéries des
saisons, s'applique à toute récolte se présentant mal, par quelque cause que ce soit.

En règle générale et absolue, toute récolte
s'annonçant mauvaise ou même médiocre ou
faible, doit être impitoyablement sacrifiée
sans retard. Les moutons d'abord et puis la
charrue doivent en faire prompte justice; et
toujours le plus tôt sera le meilleur.

Il est un autre moyen d'hygiène pour la
terre, moyen dont jusqu'à présent on n'a
pas assez remarqué les bons effets et sur lequel nous croyons devoir appeler l'attention
des cultivateurs : ce moyen, c'est l'*abritement*.

Nous pensons que l'amélioration du sol par
les récoltes étouffantes fauchées en vert est
due principalement à l'abri qu'elles donnent
à la terre contre l'ardeur du soleil et surtout contre l'action de l'air, ce grand ac-

capateur des principes vitaux contenus dans le sol. La preuve en est que plus elles sont belles et épaisses, et par conséquent plus elles couvrent le sol, plus leur effet bienfaisant est remarquable, et c'est en grande partie à cette même cause qu'est due la puissance d'amélioration de toutes les belles récoltes en général, puissance toujours en proportion directe avec leur beauté.

Nous avons été induits à attribuer une faculté améliorante à l'isolement de la terre des rayons du soleil et de l'action de l'air, en remarquant une plus belle végétation dans les places où le sol avait été quelque temps entièrement recouvert par des matières ne contenant même aucun principe de fertilité, comme des pierres, des bois de charpente ou autres; et sans attacher une très-grande puissance à ce moyen, nous avons cru devoir le signaler pour attirer sur lui l'intelligente attention des cultivateurs, en les engageant à faire des expériences à ce sujet.

Nous nous bornerons à ces principales ré-

gles sur ce chapitre si important et si intéressant de l'*hygiène de la terre*. Il nous serait
facile sans doute d'y ajouter beaucoup encore, mais cela nous paraît inutile dans l'intérêt de notre œuvre et de l'agriculture. Nous
en avons dit assez pour ceux qui sauront
nous comprendre ; il nous paraît inutile d'en
dire davantage pour les autres. Bien pénétrés
de ces règles et des principes fondamentaux
sur lesquels elles reposent, tous les cultivateurs intelligents sauront étudier, comprendre
leur terre et lui appliquer fructueusement
une hygiène appropriée à sa nature, à ses
besoins et à sa position sous le ciel.

Rejetant bien loin d'eux les *assolements* ou
cultures réglées d'avance, ils cultiveront li-
brement et chercheront à entretenir toujours
leur terre dans un parfait état de santé.

Ils ne lui imposeront jamais une charge au-
dessus de ses forces et lui donneront régulièrement la nourriture et le repos nécessaires.

Ils sauront reconnaître ses besoins et son
épuisement à des symptômes particuliers à

chaque genre de sol, et ils s'empresseront
de satisfaire les uns et de réparer l'autre,
mais toujours lentement, graduellement ; car
la fertilité réelle de la terre étant le résultat d'un travail lent et de longue haleine de
la nature, cette fertilité ne peut ni se former, ni se recréer tout d'un coup.

Aussi, nous le répétons, il faut avant tout
éviter de la laisser diminuer et surtout se
perdre entièrement, car il est bien plus facile et moins coûteux de l'entretenir que de
la rétablir.

Nous allons maintenant nous occuper som-
mairement de la culture des diverses plantes
dont le produit est la principale base de l'a-
griculture en Europe.

Ainsi que nous l'avons déjà dit, notre intention est d'éviter d'entrer dans les détails
de chacune de ces cultures et d'en donner
seulement les règles capitales ; car nous
n'écrivons pas un traité d'agriculture pratique, mais un essai sur ses principes généraux.

CÉRÉALES.

Sous ce nom générique, on cultive en Europe quatre principales variétés de graminées, qui elles-mêmes se divisent en une infinie quantité de sous-variétés : le froment, le seigle, l'orge et l'avoine.

Elles y sont la base première et le but principal de toute agriculture.

Les deux premières fournissent la nourriture quotidienne des hommes, le pain que l'on préfère à tout en France. Les deux dernières sont plus particulièrement consacrées à la nourriture des animaux ; mais cependant, il faut l'avouer en gémissant, non seulement en bien des lieux elles servent aussi et surtout l'orge à la nourriture de l'homme, mais il est encore sous le beau ciel de notre patrie de malheureuses contrées où les hommes ne mangent pas même du pain d'orge autant qu'ils le voudraient et font leur nourriture habituelle de sarrasin ou de châtaignes !....

Ce goût général de l'homme pour le pain, surtout pour celui de froment, n'est pas l'effet d'un caprice ou de l'habitude; il tient à la nature même, à la substance de ce grain qui en fait une nourriture éminemment propre à entretenir les forces et la santé.

En effet, tous ces grains et surtout le froment contiennent en assez grande quantité une matière qui leur est propre et que l'on nomme *gluten*. Cette substance, à laquelle ils doivent leur propriété fermentative, a une analogie évidente avec les substances animales, et par conséquent les rend particulièrement propres à l'entretien de la vie organique par la loi naturelle de l'assimilation des principes analogues.

Les céréales doivent à cette substance la préférence qu'elles ont obtenue pour la nourriture des animaux et surtout de l'homme, qui, sans pouvoir se l'expliquer, avait reconnu en elles cette supériorité alimentaire.

Grâces à cette composition exceptionnelle, les céréales occupent dans la nature organique un rang élevé et y jouent un rôle important : tenant le milieu entre la matière purement végétale et la matière animale, et participant de l'une et de l'autre, elles semblent faire la transition d'un règne à l'autre.

Dès-lors, on le comprend, leur culture demande des règles particulières, exceptionnelles et des soins proportionnés à leur importance.

Comme il existe entre toutes les céréales une analogie évidente, nous nous occuperons principalement du froment, la première en rang et la plus parfaite de toutes ; c'est-à-dire celle qui, par la plus grande quantité de gluten qu'elle contient se rapproche plus que les autres du règne animal, et mérite par conséquent à tous égards la préférence qu'elle a toujours obtenue pour l'entretien de la vie humaine, la première dans l'échelle de l'organisme vivant.

Dès lors, on le comprend, les engrais qui

lui conviennent le mieux sont ceux très-abondants en matières animales, et voilà pourquoi cette céréale demande des terres riches et les épuise si vite.

Après le gluten, la principale substance dont est composé le froment, c'est la matière amilacée, l'amidon ; c'est pour cela qu'il n'aime pas à succéder à une récolte de graines ou de légumes contenant de la fécule, tels que les haricots, les pommes de terre, etc. ; et comme ces deux substances entrent dans sa composition suivant leur proportion dans la nourriture qu'il trouve dans la terre, il est plus ou moins *glutineux* et plus ou moins *féculent*, suivant la nature des substances qu'il s'assimile.

Dans les terrains pauvres d'engrais mais restaurés par un long repos, il est plus féculent, a la peau plus jaune et plus brillante et donne une farine plus blanche. Dans ceux très-riches en engrais animaux, il puise une plus grande quantité de gluten ; alors il est d'une couleur plus grise, terne et vitreux en dedans, et sa farine est moins blanche.

Voilà pourquoi les terres calcaires des plaines du Berry, terres que les allouettes seules ont de temps immémorial la mission de fumer et auxquelles on fait rapporter du froment sans autre engrais après un repos de cinq ou six ans, donnent des grains en apparence si supérieurs à ceux venus dans des terres fertiles bien fumées et surtout après des prairies artificielles.

Mais cette supériorité apparente des blés tendres, comme on les appelle, c'est-à-dire à l'écorce jaune, se cassant facilement sous la dent et très-blancs à l'intérieur, supériorité qui les fait rechercher et payer plus cher par les consommateurs, consiste surtout dans la blancheur de la farine et du pain, blancheur qui attire les acheteurs; mais ce pain est certainement moins nourrissant, comme contenant moins de gluten que celui fait avec la farine des *blés forts*, c'est-à-dire plus gris d'écorce et vitreux sous la cassure de la dent à laquelle ils résistent davantage.

Cependant, il faut l'avouer, le peu d'épaisseur de l'écorce des blés tendres est un grand avantage en leur faveur, avantage qui ne détruit point notre argument en ce sens, que si à volume égal ils contiennent plus de matière nutritive que les blés forts, puisque leur écorce est moins épaisse, cette matière contient aussi, comme nous l'avons expliqué, moins de gluten sous le même volume que celui des blés forts.

Aussi, sans nous prononcer sur la supériorité réelle de la valeur nutritive de ces deux genres de blé, nous avons voulu la signaler et donner des raisons à l'appui de notre opinion, que la supériorité apparente des blés tendres due à la moindre quantité relative de gluten est par cette seule raison très-contestable.

Nous avons dû signaler aussi cette différence si marquée dans la proportion des matières glutineuses et amilacées contenues dans le froment suivant la nature des sols qui l'ont produit ; différence si réellement due au terrain, que la semence de blé tendre donne du blé fort dans une terre riche, et celle du blé fort du blé tendre dans une terre pauvre. Nous avons dû, disons-nous, signaler cette différence, parce qu'elle est une preuve bien puissante de la loi naturelle de l'assimilation des substances analogues dans la formation des corps organiques, loi qui est la clé de voûte de l'art de l'agriculture et dont le cultivateur jaloux de réussir ne doit jamais s'écarter un instant.

Le pain fait avec la farine des céréales est le principal aliment de l'homme en France; leurs grains sont aussi la meilleure nourriture pour les animaux. Rien ne peut remplacer l'avoine pour l'entretien des chevaux, l'orge pour l'engraissement des bœufs et des porcs; en outre leurs fanes ou pailles servent de litière aux bestiaux, et sont la base première des engrais avec lesquels on renouvelle et entretient la fertilité de la terre. Tant de précieuses qualités les ont rendues l'objet de la prédilection des agriculteurs: leur culture est la culture capitale, et leur produit le produit principal de l'agriculture française. Mais tout en reconnaissant les avantages incontestables de la culture de ces graminées, dont rien ne saurait remplacer les produits dans l'économie rurale et politique, nous pensons cependant que jusqu'à présent on leur a peut-être un peu trop sacrifié les intérêts généraux de l'agriculture et par conséquent ceux de la société dont elle est la nourrice.

Du blé, toujours du blé, rien que du blé; telle est la devise secrète des cultivateurs, et s'ils ne la mettent pas rigoureusement en pratique, ce n'est pas leur faute, c'est celle de la terre qui, par les raisons ci-dessus expliquées, se refuse obstinément à porter la même plante à des intervalles trop rapprochés.

Croira-t-on que dans bien des contrées en France on force cette pauvre terre, qui n'en peut mais, à porter un blé d'hiver d'abord, ensuite une orge, puis une avoine, et à recommencer indéfiniment cette tâche exhorbitante après un an de repos.

L'absurde routine triennale, c'est-à-dire celle qui consiste à faire un blé d'hiver, ensuite une avoine ou une orge, puis à laisser la terre un an en jachère pour continuer ainsi sans relâche, commence à s'effacer un peu de notre agriculture, après y avoir régné exclusivement et tyranniquement pendant une longue suite de siècles.

Cette méthode peut être utile et rationnelle dans quelques localités rares, celles, par exemple, entourant les grandes villes, parce que dans ce cas la paille vendue fort cher et remplacée par le fumier des villes devient un produit extrêmement important, et qu'en agriculture la règle dominante est la réalisation du produit net, quelque soient d'ailleurs les moyens employés pour l'obtenir, mais partout ailleurs que dans ces localités privilégiées cette coutume est absurde et ruineuse.

Elle viole ouvertement la règle la plus importante, la loi la plus rigoureuse de l'agriculture, celle qui défend de faire porter successivement à la terre non seulement deux récoltes de plantes du même genre , mais encore de plantes ayant entre elles un peu d'analogie, une légère affinité.

Or , comme on l'a vu ci-dessus , les céréales sont toutes de la même famille , et par conséquent elles sont composées à peu près des mêmes substances ; aussi nous posons ici comme une règle absolue et inviolable que dans aucun cas , même dans celui d'ensemencement d'une prairie pérenne , on ne doit faire succéder une céréale de printemps à un blé d'hiver.

Nous ne parlerons pas des froments succédant à des froments , bien que cela arrive quelquefois.

L'agriculture, comme les autres arts, a malheureusement aussi ses mazettes et ses massacres.

Ce n'est pas pour eux que nous écrivons.

Une bonne agriculture doit donc produire des céréales d'abord et surtout, mais elle

doit en proportionner sagement, rationnelle-
ment la culture à l'étendue, à la nature et
à l'état de son sol.

Nous pensons que la méthode la plus sage
et la plus avantageuse, à moins d'une position exceptionnelle, est de faire revenir le
froment sur la même terre au plus tôt tous
les quatre ans, et entre ces deux froments
elle devra porter tout au plus une céréale
de printemps.

Mais, fidèle à nos principes, nous ne voulons ni ne pouvons tracer aucune marche
fixe à cet égard; la grande règle, c'est l'état
de la terre.

Nous ne parlerons pas des labours relativement à la préparation du sol pour le froment; ce que nous en avons dit généralement s'applique particulièrement à la culture
de toutes les plantes.

La terre devra se trouver dans un état
suffisant de richesse organique; mais plus
les substances animales y domineront, plus
le succès sera certain, et plus les produits

auront de qualité nutritive. Nous avons dit pourquoi.

Le blé de semence devra être le plus beau, le mieux nourri, le plus propre et le plus mûr que l'on pourra se procurer dans les *blés nouveaux*. C'est là une règle essentielle, malheureusement trop souvent méconnue.

Une excellente coutume dont nous ne nous sommes jamais départi pendant notre longue pratique et dont nous avons toujours obtenu les plus heureux effets, c'est de changer la semence tous les deux ans ; si nous l'osions, nous dirions tous les ans.

Il faut surtout avoir soin de la faire venir d'une contrée plus maigre et moins fertile que la sienne.

Quelques auteurs disent encore d'un pays plus froid, plus septentrional. Nous n'avons jamais été dans le cas de constater la bonté de ce conseil, mais nous le croyons sage, et bien des raisons nous semblent militer en sa faveur.

Olivier de Serres est aussi d'avis de changer la semence ; seulement il se montre moins exigeant sur la fréquence de ce changement :

> De trois en trois, ou de quatre en quatre ans,
> De remuer la semence il est temps,
> Et si poursuis le bien de ce menage,
> Sur les voisins gagneras l'avantage.
>
> OLIVIER DE SERRES.

Les avis sont bien partagés sur la question de la quantité de semence à donner à la terre suivant son état de force et de fertilité.

Columelle conseille de semer clair dans les terres fertiles et grasses, et soutient que c'est le moyen d'avoir d'abondantes récoltes ; Pline défend d'épuiser le sol par beaucoup de semence, *segetem ne defruges :* Palladius, au contraire, veut plus de semence dans les terres grasses que dans les maigres ; Olivier de Serres conseille de ne point donner tant de semence à la terre maigre qu'à la terre grasse, *la faiblesse de celle-là ne pouvant souffrir autant de charge que la force de celle-ci :*

Valerius (1) soutient le contraire, et prétend qu'il faut plus de semence dans les sols maigres.

On le voit, la question est bien controversée ; et cette diversité d'opinion dans des hommes si savants dans notre art, prouve la justesse de cette observation que nous avons déjà faite, *autant de pays, ou mieux autant de champs, autant de règles particulières.*

Il est donc possible que, suivant leurs pays et d'après la nature des terres sur lesquelles ils faisaient leurs observations, tous ces auteurs aient eu chacun raison.

L'expérience en apprendra plus que les discussions les plus savantes sur ces questions, *la décision desquelles appartenant à tout ménager, fera que la patience d'une couple d'années la résoudra pour y prendre avis selon le naturel de son air et de sa terre* (Olivier de Serres).

Ainsi, à cet égard, chacun se basera sur

______

(1) Principes raisonnés de chimie économique, traduits par Fontalard.

l'expérience et sur la connaissance de son sol ; mais en règle générale, la seule dont nous ayons à nous occuper ici, nous n'hésitons pas à le dire, il faut semer plus épais dans les terres fortes, riches et bien amendées.

Le tallage, sur lequel quelques auteurs se basent pour défendre leur opinion, est éventuel et dépend de circonstances favorables ; mais en attendant ce tallage les herbes parasites s'emparent des places vacantes, et le blé ne peut plus les étouffer quand le temps est venu pour lui de taller : au lieu qu'en confiant à la terre la quantité de plantes qu'elle peut réellement nourrir d'une manière satisfaisante, ces plantes poussent toutes en même temps, couvrent partout le terrain, le protègent contre les mauvaises herbes, et si elles ne tallent pas autant, du moins elles poussent chacune de beaux maîtres brins. Le seul avantage de semer clair dans une terre forte et riche, serait donc l'économie de semence ; mais il est trop faible pour contrebalancer les inconvénients majeurs dont nous venons de parler, et très-certainement on se trouvera toujours bien de proportionner la quantité de semence à la force de la terre. C'est là une loi naturelle, *aux forts les lourds fardeaux;* tous les principes posés dans cet ouvrage viennent lui prêter un puissant appui.

1° Absorption plus multipliée, et par conséquent plus considérable et plus immédiate des substances fertilisantes contenues dans le sol, et dont une grande partie s'évaporerait en pure perte ;

2° Défense plus complète de la surface du sol contre l'envahissement des herbes parasites et l'avidité de l'air embiant ;

3° Enfin une plus grande quantité, sur un espace donné, d'êtres s'organisant en partie au dépens des principes vitaux et des gaz contenus dans l'air et dans l'eau de pluie, et par conséquent empruntant sans cesse aux éléments, pour les matérialiser à notre profit, une plus grande masse de la richesse aérienne.

Telles sont les considérations puissantes qui ne laissent aucun doute sur la sagesse de cette règle capitale, *semer fort dans les terrains forts*, et non seulement elle est absolue et rigoureuse pour les céréales et autres genres de récoltes ayant avec elles une certaine analogie, mais elle doit s'appliquer aussi aux plantes ayant une nature et des formes toutes différentes.

Pour semer on se servira, quand l'état du sol le permettra, d'un semoir. Cet excellent instrument procure une économie du tiers au moins de la semence; et l'on comprend combien la richesse publique gagnerait à son emploi général, malheureusement encore impossible dans l'état actuel de l'agriculture en France.

L'époque de la semaille varie suivant les pays et le climat; c'est encore une question sur laquelle il est impossible de donner une règle générale et fixe. L'observation et l'expérience peuvent seules guider le cultivateur dans cette importante opération ; car non seulement l'époque des semailles change avec le pays, le climat et la nature du sol, mais elle peut encore varier d'une année à l'autre avec les circonstances atmosphériques.

Le blé de semence devra être *chaulé* avec soin, c'est-à-dire lessivé d'après les diverses méthodes indiquées pour en enlever les germes de la carie, ce fléau des froments.

La semence sera, suivant les circontances, enfouie à la herse ou à la charrue ; mais, dans tous les cas, elle devra être mise le plus possible à l'abri des atteintes délétères et même mortelles de l'eau stagnante dans les champs. Cependant, en règle générale, toutes les fois que l'humidité n'est pas à craindre, le hersage est préférable à l'enfouissement avec la charrue.

Une excellente méthode, que nous avons vu pratiquer avec succès dans bien des lieux, c'est le sarclage des blés à la main. Nous osons à peine, dans l'état actuel de la culture en France, recommander cette méthode si utile à tant d'égards.

Mais si on ne peut pas sarcler les blés, il faut au moins les purger autant que possible des chardons et autres mauvaises herbes les plus apparentes.

Enfin, on n'attendra pas pour les couper qu'ils soient bien mûrs; il est même avantageux de commencer quand les plus avancés sont encore un peu verts. Ils achèvent de mûrir sur la terre, et sont souvent plus beaux à l'œil et d'une vente plus facile.

On évitera seulement avec soin de les employer pour semence : quelque faits recueillis par l'observation donnant à penser que la carie attaque plus fréquemment les blés provenant de semences moissonnées avant d'être parfaitement mûres.

Nous voici naturellement amenés sur le terrain de cette question si importante et encore si obscure : quelle est la cause de la carie accidentelle du froment? car, lorsque la

semence en est infectée , il est inutile d'en
chercher la cause ailleurs.

Mais quelquefois des blés provenant de semences bien nettes et bien lessivées en sont
attaqués d'une manière surprenante pour l'observateur.

Les uns attribuent ce fléau à la lune , les
autres au vent qui soufflait le jour où l'on
a semé ; et , en effet , il se trouve dans le
même champ des *journées* de sillons où le blé
en est plus atteint que dans le reste de la
pièce.

Nous pensons, sans prétendre éclaircir entièrement l'obscurité de cet autre secret de
la nature, que la poussière séminale de ce
cryptogame parasite du blé préexistait dans
le sol où ce phénomène se manifeste, et
comme cette semence est extrêmement tenue, elle se développe plus ou moins dans
chacune des fractions de ce champ, suivant l'état plus ou moins humide dans lequel
cette fraction a été labourée, ainsi que cela
arrive pour beaucoup de graines très-fines ,

qui ne germent que lorsque la terre a été façonnée sèche et mise à l'état de cendre. Voilà notre pensée ; nous la livrons aux méditations des agriculteurs.

Au reste, il nous semble impossible que la carie se développe lorsque sa semence ou ses germes ne préexistaient pas, soit dans le blé, soit dans le sol où on l'a semé. Aussi nous croyons, sans pouvoir toutefois assigner une durée à la faculté reproductive des semences de ce cryptogame, que sa longue absence d'un champ est une garantie puissante de ne l'y voir jamais reparaitre si les blés semés en sont absolument exempts. On ne saurait donc apporter trop d'attention à cette importante opération du lessivage des blés ; on en trouvera les recettes dans tous les auteurs qui ont écrit sur l'agriculture pratique.

Toutes les règles que nous venons de poser pour la culture du froment, s'appliquent également aux autres céréales en les modifiant suivant la nature de chacune d'elles.

Le seigle, moins gourmand et plus robuste, s'accommode des plus mauvaises terres et devient une ressource importante pour les pays pauvres. Dans certaines contrées même, où sa paille est chère, une bonne récolte de seigle vaut souvent autant qu'une récolte ordinaire de froment et épuise moins le sol.

Quant aux céréales de printemps, nous pensons que dans une agriculture raisonnée et qui vise à un produit net considérable, on ne doit les cultiver que dans les sols très-riches, où elles donnent des récoltes très-abondantes. C'est seulement ainsi qu'elles peuvent être avantageuses. Quand leur produit est médiocre, elles sont bien plus nuisibles qu'utiles, car elles épuisent et salissent la terre outre mesure.

Cette règle est encore plus absolue pour l'orge, plante gourmande effritant beaucoup le sol et donnant de mauvaise paille.

Ce sont là d'utiles avis : presque tous les cultivateurs en reconnaîtront la sagesse, mais bien peu les mettront en pratique.

— Nous avons besoin d'avoine pour nos chevaux, nous aimons mieux en récolter même médiocrement que d'en acheter.

— C'est très-bien ; mais cette avoine que vous récoltez aux dépens de la propreté et de la fécondité de vos champs, savez-vous combien elle vous coûte ?....

Au reste, il est inutile d'insister : il n'y a de pire sourd que celui qui ne veut pas entendre.

Nous ne parlerons pas des nombreuses variétés de froment et autres céréales. Nous renvoyons, à cet égard, nos lecteurs aux traités spéciaux d'agriculture.

Nous engagerons cependant les cultivateurs à tenter des essais sur diverses espèces de froment, d'orge et d'avoine ; ils pourront en rencontrer quelques-unes qui, convenant beaucoup mieux que les autres à la nature de leur sol, donneront constamment des produits plus abondants que celles ordinairement cultivées dans le pays. Nous donnons ce sage conseil d'après notre propre expé-

rience et celle de beaucoup d'autres cultivateurs, chez lesquels nous avons vu ce changement couronné comme chez nous d'un succès complet et durable.

PLANTES OLÉAGINEUSES.

Après les céréales, un des plus importants
produits de l'agriculture ce sont les plantes
oléagineuses. Elles sont de deux classes :
celles cultivées uniquement pour extraire
l'huile de leurs graines, comme le colza, la
navette, le pavot blanc ou œillette, le madia
sativa et autres ; et celles qui, outre cette
précieuse richesse contenue dans leurs semences, en offrent à l'homme une non moins
importante dans les filaments de leurs tiges,
comme le chanvre et le lin.

Toutes ces plantes sont généralement trèsépuisantes pour le sol et ne lui rendent rien
ou presque rien des débris de leurs tiges et
de leurs fanes.

Elles doivent donc être cultivées seulement sur des terres riches et fertilisées de longue main à l'aide de puissants engrais.

Bien qu'elles n'aient aucune analogie avec les céréales, il n'est ni sage ni rationnel de les faire se succéder entre elles sans intervalle, car elles sont également effritantes, et le cultivateur habile a toujours soin d'intercaler une récolte améliorante ou une jachère entre deux récoltes épuisantes.

Fidèle à notre plan, nous n'entrerons dans aucun détail sur la culture de ces diverses plantes ; nous renverrons, à cet égard, les cultivateurs aux ouvrages spéciaux d'agriculture pratique. Nous leur dirons seulement :

Tous les principes fondamentaux et toutes les règles générales exposés dans cet ouvrage, s'appliquent à ce genre de récoltes comme à tous les autres ;

Engrais proportionnés à l'avidité de la plante et appropriés le plus possible à ses goûts, c'est-à-dire à sa nature ;

Labours plus ou moins profonds, suivant la forme et la taille des racines ;

Espacement plus ou moins grand entre les plantes, suivant leur espèce, le but de la récolte et la richesse du sol ;

Précautions contre l'humidité, la gelée et autres intempéries des saisons.

D'après ce que nous avons dit à ce sujet les tourteaux, c'est-à-dire les résidus des graines dont on a extrait l'huile, doivent être un excellent engrais pour leurs analogues, soit appliqués directement en poudre, soit indirectement dans les déjections des animaux auxquels ils ont servi de nourriture.

Faisons remarquer, en passant, que les graines oléagineuses sont toutes douées de la propriété de conserver très-long-temps en terre leur faculté germinative. On doit donc apporter un grand soin à leur récolte ; et quand on croit qu'il peut s'en être répandu beaucoup sur le sol, il faut lui donner un hersage en tous sens pour faire germer les graines et lever les plantes avant d'appliquer un labour. Sans cette précaution, la terre en sera pour long-temps infestée.

On trouvera dans les livres d'agriculture, à leur article, le moyen de diminuer le plus possible ce grave inconvénient, et la perte réelle non moins grande qui en résulte annuellement pour l'agriculture.

PLANTES SARCLÉES.

On désigne ainsi la culture des plantes, soit de la famille des légumineuses, soit de celle des crucifères, des solanées ou autres, que l'on sème espacées en lignes ou en échiquier, de manière à permettre le sarclage et le binage, soit à la main, soit à l'aide d'instruments *ad hoc* traînés par des animaux.

Les plus communément cultivées de ces plantes sont les pommes de terre, les betteraves, les topinambours, les haricots, les fèves, les choux cavaliers, etc.

La pomme de terre (solanée parmentière) est la plus précieuse conquête de l'ancien monde sur le nouveau. Saine, agréable et du goût de tout le monde, elle fait les délices de la table du riche et le fond de la nourriture des familles pauvres. Avec elle la disette n'est plus possible ; et jamais statue ne fut plus dignement, plus noblement et plus justement méritée que celle que l'on élève en ce moment à son infatigable apôtre, Parmentier, dont la science a déjà récompensé le zèle philantropique en donnant son nom à cette solanée, la première et la plus utile de toutes les plantes alimentaires après le blé.

En effet, ses avantages ne se bornent pas à fournir une inépuisable ressource pour la nourriture de l'homme ; outre les divers emplois qu'en font les arts, elle est utilement consommée crue ou cuite par tous les animaux sans exception. Dans les exploitations bien entendues, on la donne crue et mélangée avec du son aux vaches et aux brebis mères, dont elle augmente le lait ; cuite, aux volailles, aux porcs, aux bœufs à l'engrais et même aux chevaux. Tous en sont avides, et elle les entretient en bonne santé.

Considérée dans ses rapports avec l'hygiène de la terre, la pomme de terre est une plante épuisante qui demande de profonds labours, des engrais abondants et de nombreux sarclages.

Elle ne doit jamais ni précéder ni suivre une récolte de céréales, ses tubercules ayant une grande analogie avec leurs grains par la fécule abondante qu'ils contiennent aussi, bien qu'ils en diffèrent essentiellement sous tous les autres rapports.

En vain quelques écrivains, poussant à l'excès pour cette plante un enthousiasme dont elle pouvait très-bien se passer, ont cherché à la faire considérer comme une excellente préparation pour le blé. L'expérience, d'accord avec la raison, est venue leur donner un démenti formel, persistant, irrévocable.

Cette question étant aujourd'hui, nous le croyons du moins, jugée définitivement et sans appel possible, nous n'insisterons pas plus long-temps sur ce point.

Pour tout ce qui a rapport aux détails de culture, à l'emploi dans la ferme et aux variétés de pommes de terre, nous renvoyons encore les cultivateurs aux traités d'agriculture.

Après la pomme de terre, la *plante sarclée* la plus communément cultivée depuis l'établissement en France de l'industrie du sucre indigène, c'est la betterave.

Si le gouvernement n'avait pas cru, par des motifs sur lesquels ce n'est pas le moment de dire notre pensée, devoir chercher à entraver ou plutôt à étouffer l'essor de cette industrie essentiellement agricole, elle aurait bien vite achevé la féconde révolution qu'elle avait si heureusement commencée dans l'agriculture française. Comme nous ignorons le sort qui lui est réservé, nous nous abstiendrons d'entrer dans des détails à son égard ; nous nous bornerons à faire des vœux ardents pour qu'elle sorte victorieuse de la lutte violente et décisive qu'elle soutient avec énergie et constance contre son puissant antagoniste des colonies.

La betterave, considérée en dehors de l'industrie sucrière, est encore une plante très-précieuse pour l'agriculture. Elle effrite moins le sol que la pomme de terre et fournit une excellente ressource pour la nourriture d'hiver des bestiaux.

Du reste, toujours les mêmes principes et les mêmes règles d'alternat, d'engrais, de labours et de sarclages applicables à sa culture, comme à celle de toutes les autres plantes sarclées.

Nous ne dirons rien de particulier sur la culture des topinambours, qui se rapproche beaucoup de celle des pommes de terre, ni sur celle des haricots, des fèves, etc., toujours par les mêmes motifs.

Mais abordant sous son point de vue général la question des plantes sarclées, nous le dirons hautement, nous ne partageons pas l'optimisme de la plupart des écrivains à leur égard, et nous les envisageons bien différemment dans leur influence sur l'hygiène de la terre.

Les plantes sarclées sont pour l'agriculture un puissant moyen de production de substances alimentaires pour les bestiaux, tout en nettoyant énergiquement le sol, mais loin de le reposer et de l'enrichir elles le fatiguent et l'appauvrissent.

Tous les principes que nous avons posés, toutes les règles que nous avons données s'accordent avec la raison et l'expérience pour militer puissamment en faveur de cette opinion.

Il nous semble inutile d'insister sur tous les motifs qui doivent les faire ranger dans la classe des récoltes très - utiles, mais trèsépuisantes; la fréquence des labours et des sarclages, qui favorisent l'action absorbante de l'air, et la masse de matière organique produite aux dépens pour la plus grande partie de celle contenue dans le sol, sont parfaitement suffisantes pour faire admettre ce classement sans opposition.

Nous engageons donc très-sérieusement les cultivateurs à se méfier des récoltes sarclées et à mettre en doute leur vertu améliorante. Nous ne leur dirons pas d'y renoncer, mais nous leur conseillons de ne pas dépasser la quantité strictement nécessaire pour l'entretien de leurs bestiaux.

Cultiver les plantes sarclées pour les vendre nous paraît, excepté dans quelques cas tout-à-fait exceptionnels, une désastreuse mesure agricole.

PRAIRIES ARTIFICIELLES, PLANTES LÉGUMINEUSES, RÉCOLTES ÉTOUFFANTES ET AMÉLIORANTES.

Quand j'étais au service, un jour nous passâmes devant le clos Vougeot, de haute renommée. Le colonel, vieux militaire, brave guerrier et bon viveur, fit mettre le régiment en bataille et présenter les armes. C'était l'hommage d'un franc buveur au roi des vins de la Côte-d'Or.

Moi, en traçant ces grands mots, *prairies artificielles, plantes légumineuses*, j'ai instinctivement porté la main à mon chapeau ; c'est qu'en véritable agronome, animé du feu sacré de l'amour de l'agriculture, je reconnais et je salue en elles les reines et les merveilles de cet art.

Jusqu'à présent, dans les céréales, les plantes oléagineuses et les récoltes sarclées, nous avons vu seulement, pour le sol, charge, appauvrissement et lassitude.

Dans les plantes légumineuses propres à former des prairies artificielles, nous allons trouver pour lui le soulagement, la richesse et le repos.

Tirer d'immenses produits de la terre, non seulement sans l'épuiser, mais en la restaurant, la reposant et l'améliorant, voilà le grand, le magnifique problème dont l'agriculture a trouvé l'heureuse solution dans l'emploi des plantes légumineuses annuelles ou vivaces fauchées en vert, c'est-à-dire avant la maturité de leurs graines.

Le principal et le plus épuisant effort de la terre dans l'œuvre de la végétation, c'est celui de la formation d'abord et puis de la perfection des graines.

Jusqu'au moment où les plantes laissent tomber leurs fleurs après la fécondation, elles empruntent beaucoup à l'air par leurs feuilles encore tendres et poreuses; elles épuisent aussi fort peu le sol, car elles lui demandent seulement des principes herbacés du premier degré; mais après la fécondation les branches et les tiges deviennent ligneuses, les pores des feuilles se resserrent à mesure qu'elles avancent vers la maturité; en conséquence, elles absorbent moins facilement les gaz de l'air, et les plantes ont alors beaucoup à demander à la terre chargée presque seule de leur fournir les sucs plus élaborés, plus avancés dans l'échelle organique, dont elles ont besoin pour former et nourrir leurs graines qui sont la partie la plus parfaite de leur être.

Ceci explique pourquoi les récoltes étouffantes, c'est-à-dire couvrant parfaitement le sol, loin de l'épuiser, semblent au contraire l'enrichir en le reposant quand on les fauche en vert.

Cette amélioration est due au peu d'effort que fait la terre pour les produire à ce degré de végétation, à la couverture épaisse qu'elles lui donnent et aux détritus des feuilles et des racines.

Au reste, nous ferons remarquer en passant que l'épuisement du sol causé par la fructification, semble être toujours en proportion directe de l'infériorité relative du volume et du poids du feuillage de la plante en comparaison de ceux de ses graines ou fruits.

Expliquons notre pensée : plus les fanes et les feuilles d'une plante sont inférieures en poids et en volume au poids et au volume de ses graines ou de ses fruits, plus elle épuise la terre. Exemple : les pommes de terre, les haricots, les topinambours, les melons, les citrouilles, les céréales, etc., plantes épuisantes qui ne peuvent revenir plusieurs années de suite sur le même terrain; plus, au contraire, le feuillage de la plante est supérieur en volume et en poids à ses graines ou fruits, moins elle demande au sol et moins elle l'épuise. Exemple : la luzerne, les trèfles, le sainfoin, le sarrasin, la spergule, etc. La même observation s'applique aux chênes, aux noyers, aux ormes et à tous les arbres dont les fruits sont dans une énorme disproportion avec le nombre, le volume et le poids de leurs feuilles.

Quelques plantes oléagineuses semblent faire une légère exception à cette règle; mais la nature de leur produit, la matière huileuse, faisant elle-même exception dans l'organisme végétal, il serait impossible d'en tirer une objection sérieuse contre un système général.

Cette observation est une nouvelle preuve de cette vérité, que la terre s'épuise surtout dans l'œuvre de la fructification, et que dans les plantes peu développées en tiges ou en feuilles par rapport à l'importance de leurs graines, l'air vient dans une bien faible proportion au secours de la terre dans cette œuvre; tandis que dans les plantes ayant comparativement plus de branches et de feuilles, l'absorption, plus grande et plus continue des principes organiques de l'air, aide plus puissamment le sol dans cette production, relativement bien moins importante d'ailleurs, par la disproportion existant entre le volume et le poids des feuilles de la plante et ceux de ses graines.

Et voilà pourquoi plus les fruits d'un arbre ou les graines d'une plante sont petits et peu nombreux, proportionnellement au volume, au nombre et à l'étendue de leurs branches et de leurs feuilles, plus cet arbre ou cette plante peut vivre de temps à la même place, *et vice versâ*.

Voilà pourquoi quand un arbre ou une plante vivace ont porté une année une grande quantité de fruits ou de graines, ils n'en donnent point ordinairement l'année suivante, et quelquefois même pendant plusieurs années.

N'est-ce pas une preuve irréfragable que la terre, comme nous venons de le dire, fournit sinon la totalité, du moins la plus grande partie des sucs nécessaires à l'élaboration, à la formation et à la perfection des fruits? évidemment si les plantes empruntaient ces sucs principalement à l'air, comme on a essayé de le dire, rien de semblable n'aurait lieu, puisque le réservoir des principes organiques de l'atmosphère, étant universel et toujours le même, en fournirait tous les ans autant qu'il en serait nécessaire à ce travail; tandis que le réservoir des principes organiques de la terre étant local et circonscrit, pour chaque être végétant, dans la sphère de ses racines, cette sphère s'épuise de ces principes en proportion de l'usage qu'en fait la plante; et lorsqu'une année elle lui en a fourni une plus grande quantité pour une plus grande abondance de fruits, l'année suivante elle n'en a plus à lui donner : et cela est si vrai que, dans ce cas, la floraison a souvent lieu comme à l'ordinaire, mais les fruits tombent dès qu'ils sont *noués*, c'est-à-dire dès qu'ils ont besoin de cette espèce de sucs dont la terre est épuisée.

Il en sera de même pour les plantes annuelles. Un blé succédant à un blé sera beau souvent jusqu'à la floraison, mais il s'arrêtera au moment de la formation du grain.

Des pommes de terre venant après des pommes de terre, auront de belles fanes si l'année est humide, mais elle donneront peu de tubercules.

De cette proposition victorieusement démontrée, il nous le semble du moins, découlent nécessairement ces corollaires importants pour le sujet qui nous occupe : 1° si l'air aide puissamment la terre dans l'œuvre de la végétation, c'est-à-dire dans la production des tiges, des branches et des feuilles ; il l'aide fort peu dans l'œuvre de la fructification ;

2° plus une plante est développée en fanes et en feuilles, et moins ses graines ont d'importance en poids et en volume relativement à celui de ces fanes et de ces feuilles, moins elle emprunte à la terre pour former et mûrir ses graines; 3° à plus forte raison, quand on ne laisse pas mûrir leurs graines, les plantes loin d'épuiser le sol, l'améliorent au contraire en l'abritant, en le divisant par leurs racines et en lui abandonnant les détritus de ces racines et ceux de leurs fanes et de leurs feuilles qui tombent et pourrissent dans le champ.

Ainsi le raisonnement explique et sanctionne cette vérité démontrée par l'expérience et de tous temps reconnue par la pratique, que le principal épuisement du sol par le travail de la végétation est dû à l'accomplissement de l'œuvre de la fructification, et que, par conséquent, moins cet accomplissement est avancé vers sa perfection au moment de la récolte, moins aussi l'épuisement est considérable.

De ces vérités incontestables ressortent naturellement ces utiles enseignements : 1° pour obtenir des prairies artificielles, annuelles ou pérennes, une amélioration réelle du sol, il faut les faucher au moment où elles passent fleur. A dater de ce moment, plus on attend plus la terre s'épuise, et plus on s'éloigne du but.

2° Suivant la règle générale donnée dans cet ouvrage, plus ces prairies seront belles, plus elles couvriront le sol et plus l'amélioration sera grande et le succès des récoltes suivantes assuré.

Dès lors il est absurde et contraire à tous les principes et à toutes les règles, de laisser vieillir outre mesure les prairies pérennes comme on le fait trop souvent.

En effet, elles s'éclaircissent peu à peu, et par conséquent abritent moins le sol. Les mauvaises herbes, au nombre desquelles nous mettrons au premier rang le brome stérile et la cuscute, s'en emparent comme le font les parasites de tout ce qui s'épuise ou dépérit dans la nature. Il en résulte que, lorsqu'on les retourne, au lieu d'une terre améliorée et reposée, on a une terre sale et presque aussi lasse qu'auparavant ; alors les ignorants et les entêtés routiniers disent : Mais les prairies artificielles ne font pas à la terre autant de bien qu'on le prétend ; j'en ai fait l'expérience.

Belle expérience, ma foi !!...

Il nous semble inutile d'insister plus longtemps sur ce fait incontestable et incontesté en agriculture, que toutes les plantes de la famille des légumineuses, soit annuelles, c'est-à-dire les vesces d'hiver, les pois gris, les gesses etc. ; soit bisannuelles ou vivaces ; c'est-à-dire les trèfles, les luzernes, les sainfoins et autres, sont une excellente préparation pour toutes les récoltes suivantes, *quand on les fauche aussitôt après la floraison :* car alors loin d'épuiser la terre, elles la reposent et l'améliorent tout en donnant une énorme quantité de nourriture, soit verte, soit sèche, dont tous les animaux sont avides, et qui convient parfaitement pour les entretenir et les engraisser.

Cette augmentation de fourrage , dont la production loin d'être à charge à la terre , lui fait au contraire du bien , permet l'augmentation des bestiaux , d'où vient l'augmentation des engrais suivie de l'augmentation des récoltes.

Ainsi , avec les prairies artificielles, on résout en agriculture ce problème impossible dans tout autre industrie : obtenir une immense production non seulement sans dépense , mais même encore avec un profit en dehors et en dessus de cette production. N'est-ce pas là une admirable chose , et nous accusera-t-on d'exagération quand nous dirons : Sans les prairies artificielles , pas d'agriculture.

Et ce n'est pas de nos jours seulement que cette vérité capitale a été reconnue et proclamée. Olivier de Serres , il y a deux siècles et demi , écrivait ces remarquables paroles :

*Est à souhaiter le plus du domaine estre em-
ployé en herbage, trop n'en pouvant avoir pour
le bien de la mesnagerie, d'autant que sur un
ferme fondement toute l'agriculture s'appuye
la dessus.*

Comment se fait-il qu'une si bonne pratique ait été si long-temps à se faire jour dans
l'agriculture française ?

Que de choses il y aurait à dire à ce sujet !
Nous nous en abstiendrons ; on a déjà écrit
tant de pages sur ce fait inconcevable !

Seulement en pensant à cet aveugle et persistant dédain des cultivateurs pour les prairies artificielles, à cet incompréhensible et funeste délaissement de cette inépuisable source
de toute richesse agricole, un passage de
Malherbes nous revient en mémoire et nous
nous disons, cela devait être ainsi,

> *Dans ce monde où les meilleures choses*
> *Ont le pire destin.*

Aussi nous ne pouvons sans gémir tracer
ces tristes mais trop véritables paroles :

« La production des foins artificiels en France, est encore de plus de la moitié au-dessous de ce qu'elle devrait être..... »

Quelle énorme perte en tout genre !

Perte d'amélioration du sol, perte de production de nourriture animale et végétale, et par conséquent perte d'engrais et de récoltes, et par suite, perte de population ; — car, ainsi, que nous l'avons dit au commencement de cet ouvrage :

« La matière végétale produite par l'agri-
» culture est la mesure de la quantité de
» matière inorganique, passant par le travail
» de l'homme à l'organisme d'abord pour ar-
» river ensuite à la vie. »

En un mot, moins de foin moins de bestiaux, moins de bestiaux moins d'engrais et de viande, et par conséquent moins d'hommes et de récoltes nouvelles qui, elles - mêmes, auraient de nouveau produit d'autres engrais, d'autre viande et d'autres hommes.

A l'accroissement de cet heureux et fécond enchaînement de prospérités sociales il n'est d'autres bornes que celle de la fertilité de la terre poussée à ses dernières limites par toutes ces causes puissantes, agissant l'une sur l'autre.

Arrêtons-nous, ne nous laissons pas entraîner par notre sujet; nous en avons dit assez pour faire comprendre toute l'utilité, tous les avantages de la culture des prairies artificielles : elles commencent à être généralement appréciées par les hommes même les moins éclairés. Une aveugle et entêtée routine, cruelle ennemie d'elle-même, seule, les repousse encore de la moitié du sol français dont elles auraient bientôt changé la misère en richesse.

Espérons que grâce à cet élan général des classes éclairées vers l'agriculture, grâce aux généreux efforts de tant d'hommes influents 'ans leur pays, la lumière pénétrera peu à peu dans ces campagnes arriérées, et que nous verrons bientôt disparaître entièrement de notre belle patrie cette immense lacune entre le bien et le mal, entre le jour et la nuit, entre la vie et la mort.

Les plantes légumineuses pour récoltes améliorantes fauchées en vert, doivent être considérées sous deux points de vue différents
dans leur influence bienfaisante sur l'hygiène
de la terre :

1° Les prairies annuelles, destinées à la ra-
fraîchir, à l'ameublir, à la nettoyer et à lui
donner un léger repos, sont une excellente
préparation pour une récolte épuisante. Elles
doivent être le plus souvent possible interca-
lées entre deux récoltes de céréales ; et en
les changeant d'espèce, elles ne sauraient jamais revenir assez souvent sur les terres d'une
nature sèche, calcaire ou même siliceuse,
ayant besoin d'être abritées, rafraîchies et
nettoyées. Enfin nous les conseillons, d'après
notre longue expérience, comme le meilleur
régime habituel pour toutes les terres dans
une culture vive et riche. Si nous avions à
opter forcément entre elles et les prairies pérennes, nous n'hésiterions pas ; nous aime-
rions mieux être condamné à renoncer aux
prairies artificielles de longue durée qu'aux

prairies artificielles annuelles, et entre toutes nous donnons hautement la préférence à la vesce d'hiver (*vitia sativa*); nous n'hésitons pas à la proclamer un des plus grands trésors de l'agriculture, *une des merveilles du mesnage*, comme le dit Olivier de Serres de la luzerne.

2° Les prairies artificielles pérennes, la luzerne, le sainfoin, le trèfle, la lupuline et autres, sont surtout destinées à donner à la terre un long et bienfaisant repos, soit pour la remettre des fatigues passées, soit pour la préparer à des fatigues futures. Elles sont, comme nous l'avons dit, avec les prairies annuelles fauchées en vert, l'âme de l'agriculture. Sans elles aucun succès réel et durable n'est possible; avec elles, au contraire, avec leur emploi sagement, habilement combiné, il est bien facile d'entretenir le sol dans une fertilité habituelle de premier degré sans avoir recours à la jachère, quelquefois nécessaire cependant, comme nous l'avons dit, mais presque toujours par suite d'une faute commise contre les règles de l'*hygiène de la terre*.

Nous n'entrerons dans aucuns détails sur la culture particulière des diverses prairies, on les trouvera dans tous les livres d'agriculture. Nous dirons seulement aux agriculteurs : soyez fidèles à nos principes ; ils s'appliquent aux plantes légumineuses comme à toutes les autres cultures.

Alternat, engrais appropriés, etc.

Nous ferons surtout remarquer que cette immuable loi de l'alternat s'étend non seulement à la succession directe des espèces analogues, mais même à la durée de l'occupation du sol par ces espèces. Ainsi, plus une luzerne, par exemple, aura occupé longtemps une terre, plus il faudra aussi rester de temps sans y en remettre une autre. On estime que la durée de l'intervalle doit égaler au moins celle de l'occupation.

Rappelons à la hâte, en passant, les effets du plâtre (*sulfate de chaux*) sur toutes les légumineuses. Cette faculté miraculeuse est d'un grand secours pour les agriculteurs, non seulement dans certaines terres faibles où les prairies artificielles ne donnent sans lui que de très-médiocres produits, par conséquent suivis d'autres produits aussi médiocres, mais encore dans toutes les terres quand, par une cause quelconque, ces prairies sont faibles et languissantes. Une légère couche, une dorure de plâtre, comme on dit, les ranime, leur rend à vue d'œil leur verdure et leur vigueur.

Il faut cependant ne pas perdre de vue cette observation, que le plâtre convient surtout aux légumineuses que l'on doit faucher en vert : pour celles dont on veut récolter la graine, son emploi est souvent dangereux ; il occasionne la coulure, l'avortement des fleurs par le redoublement d'activité qu'il donne à la végétation des feuilles ; et par ce dérangement subit qu'il amène dans l'économie de la plante, il contrarie l'œuvre de la fructification.

Nouvelle et puissante preuve du peu d'influence de l'air sur cette œuvre capitale et de son active participation, au contraire, à celle de la formation et du développement des fanes et des feuilles; car c'est surtout comme auxiliaire de l'action des principes de l'air sur la végétation, que le plâtre agit sur les plantes légumineuses.

N'oublions pas surtout de faire remarquer qu'il n'est ici question que des plantes de la famille des légumineuses : celles pour *prairies artificielles* de la famille des graminées ou autres, telles que les différents ray-grass, le moha, le pastel et autres plantes empruntées à nos prairies naturelles ou importées des pays étrangers, peuvent avoir quelques avantages dans certaines localités disgraciées où les légumineuses se refusent obstinément à venir. Là, sans doute, elles sont utiles et peuvent être employées avec profit, puisque elles augmentent la somme de nourriture ; mais partout ailleurs, c'est-à-dire partout où les prairies de légumineuses peuvent prospérer, on ne doit dans aucun cas leur substituer des prairies de graminées, car elles n'ont presque aucun des grands avantages qui rendent les premières si précieuses pour l'agriculture. Elles n'abritent pas le sol, et si elles ne l'épuisent pas, ce qui, du reste, ne nous paraît pas suffisamment démontré, du moins elles ne l'améliorent pas.

Si donc on ne doit pas absolument les proscrire, il faut au moins circonscrire leur culture dans les localités seules où celle des légumineuses n'est pas possible.

PLANTES ENTERRÉES EN VERT.

Il est un autre moyen d'hygiène pour la terre dont nous avons parlé à l'article des engrais, c'est l'enfouissement de diverses récoltes en vert.

En nous appuyant sur la loi générale de l'assimilation organique, nous avons avec raison contesté la grande puissance fertilisante de ces plantes ainsi enterrées en vert, puisque dans cet état elles ne peuvent pas être plus nourrissantes pour le règne végétal que ne le sont pour le règne animal les viandes encore non faites des jeunes animaux.

Ce moyen peut cependant avoir de très-bons résultats dans certaines circonstances.

En effet, si les substances assimilables fournies par des plantes vertes arrivées aux premiers degré d'organisation végétale n'ont pas une très-grande valeur alimentaire pour les récoltes destinées à mûrir qui leur succéderont, cette masse d'herbe verte enfouie dans le sol le rafraîchit, le divise et lui donne une nourriture, légère il est vrai, mais suffisante comme supplément à la nourriture habituelle dans un cas de lassitude extrême.

C'est dans cette opération surtout qu'il importe de ne pas perdre de vue ce principe, que les récoltes en vert ne sont améliorantes qu'autant qu'elles sont belles, épaisses et couvrent parfaitement la terre. Si les récoltes enfouies en vert au moment de la floraison ajoutent quelque chose à la fertilité du sol, c'est parce que, ainsi que nous l'avons expliqué ci-dessus, les plantes, jusqu'à cette époque de leur vie, empruntent à l'air une grande partie des corps simples qu'elles transforment en fanes et en feuilles, et en les enfouissant alors on rend à la terre, outre les principes fertilisants qu'elle a fournis, ceux qui proviennent de l'air et de la pluie.

Mais cette addition ne serait pas suffisante, si les plantes étaient rares et faibles, pour contrebalancer les effets produits par le dénudement du sol et l'envahissement, même temporaire, des herbes parasites.

Il faut donc choisir, pour cette opération, les plantes les plus vigoureuses, les plus feuillues, les plus grasses et celles qui couvrent le mieux le sol.

Le sarrazin, communément employé, ne nous paraît pas très-propre à cet usage.

Nous lui préférons beaucoup les vesces d'hiver, les pois gris et les lupins, dont les tiges et les feuilles sont plus charnues et plus moëlleuses.

Une excellente méthode, principalement dans les terres peu riches en calcaire, c'est, après avoir roulé ces plantes pour en faciliter l'enterrement, de les saupoudrer d'un peu de chaux vive et de les enfouir immédiatement.

La chaux hâte la décomposition de ces matières végétales, et, en outre, le dégagement des vapeurs produites par son contact avec les herbes humides exerce une favorable influence sur le sol.

Nous croyons aussi que le madia sativa, dont les tiges sont grasses et huileuses, devrait parfaitement convenir dans tous les cas, mais surtout avant une récolte de plantes oléagineuses. Encore un essai à tenter dans l'intérêt de l'hygiène de la terre.

Enfin le cultivateur appliquera ce moyen, dont il connaît la véritable puissance, quand il le jugera utile pour rafraichir sa terre, la soulever et lui donner une légère ration supplémentaire en sus de la nourriture ordinaire.

PRAIRIES NATURELLES.

Nous avons peu de choses à dire des prairies naturelles, puisque ce n'est pas un traité d'agriculture pratique que nous écrivons, et que tant de bons auteurs ont déjà traité cette question d'une manière si satisfaisante. Nous dirons seulement que tous les principes et toutes les règles posés dans cet ouvrage s'appliquent à la culture des prairies naturelles comme à toutes les autres cultures.

Plus soigneuse et plus attentive que l'homme, la nature lui donne l'exemple de l'observation rigoureuse de ses propres lois. Dans les prairies dont le soin lui est abandonné, tous les ans quelques plantes nouvelles succèdent à des anciennes qui disparaissent pour revenir à leur tour au bout d'un certain temps.

Cette succession naturelle et périodique de diverses espèces de plantes est encore plus remarquable quand on fume ou amende les prairies; lors même que les engrais ou amendements ne contiennent aucune graine, aucun germe de plante, on voit quelquefois la prairie se couvrir d'espèces légumineuses où rien ne faisait soupçonner leur présence occulte.

Nous avons, à ce sujet, remarqué des choses étonnantes et qui aux yeux des simples habitants de la contrée semblaient tenir du miracle.

Au milieu d'un marais de six cents hectares où le sol, presque toujours humide, était couvert uniquement de joncs et autres plantes aquatiques aigres et courtes, nous avons vu, sous l'influence d'une application assez légère de cendres pyriteuses, ces mauvaises herbes se changer comme par enchantement en trèfle rouge et blanc, en lotier corniculé, en lupuline et autres légumineuses couvrant d'une épaisse et magnifique végétation ce pauvre sol stupéfait de cette bonne fortune inattendue, et tout autour, là où les cendres bienfaisantes n'étaient pas tombées,

la mauvaise herbe continuait paisiblement son
immémoriale possession de la prairie maréca-
geuse, au milieu de laquelle ce superbe carré
tranchait avec son humble dénûment comme
une oasis verte et fleurie au milieu des sa-
bles du désert.

Ce fait curieux dont nous avons été plusieurs fois témoin et quelques autres observations de la naissance spontanée de différentes
espèces de plantes dans des terrains où rien
ne pouvait justifier ni même expliquer d'une
manière satisfaisante leur apparition, ont ouvert à nos conjectures un vaste champ que
nous n'avons pas encore entièrement exploré.
D'ailleurs ce ne serait pas ici le moment de
traiter une telle question. Peut-être la reprendrons - nous un jour dans un autre ouvrage où elle trouvera mieux sa place.

La nature, comme nous venons de le dire,
observe donc rigoureusement dans les prairies
la loi capitale de l'*alternat*.

Malgré ce favorable changement de production, le sol des prairies où les cours d'eau
ne déposent pas tous les ans ou tous les deux

ans au plus tard, dans leurs débordements, une couche d'engrais limoneux plus ou moins épaisse, s'épuise et se fatigue comme tous les autres terrains; il a donc aussi besoin que l'homme lui applique les règles d'hygiène que nous avons données relativement à l'entretien et à la restauration de la terre, soit par le repos, soit par la nourriture.

En effet, l'épuisement du sol des prairies s'annonçant, comme celui de tous les autres, par l'apparition de leurs parasites, c'est-à-dire des mousses, des lichens et autres cryptogames, dès que le cultivateur les voit paraître dans les siennes, il doit aussitôt y mettre ou la charrue ou des engrais et des amendements appropriés à leur nature.

S'il se décide à y mettre la charrue, après les avoir bien labourées et nettoyées, il y fera en les fumant largement quelques récoltes, d'abord de plantes sarclées, ensuite de céréales ou de plantes oléagineuses, puis il les remettra et les laissera en prairies jusqu'au moment où elles subiront de nouveau la loi commune de l'épuisement par un travail continu sans réparation suffisante.

Considérées sous le rapport de leur produit, les prairies sont aussi soumises aux lois générales et immuables de l'assimilation organique. Leur herbe est plus ou moins nourrissante, suivant qu'elle puise dans le sol et dans les engrais qu'on lui donne des principes plus ou moins substantiels. Tel foin dont la couleur, la nature et le parfum sont absolument identiques avec ceux de tel autre, contiendra une quantité quelquefois double de parties nutritives, parce que le pré d'où il provient est arrosé par des eaux chargées de substances animales en décomposition, tandis que celui où l'autre a été récolté reçoit seulement des eaux claires de fontaines.

Le cultivateur devra donc apporter une grande attention à cette variation de puissance nutritive dans ses différents foins et les employer, en conséquence, avec discernement. Mais surtout, quand il voudra en acheter, il aura soin de ne pas perdre de vue cette observation dont il doit comprendre toute l'importance.

Il peut y avoir entre deux foins, en apparence semblables, une différence de moitié dans la valeur réelle, c'est-à-dire dans la proportion des substances plus ou moins nutritives, plus ou moins engraissantes dont ils sont composés.

Cette différence vient des matières dont ils ont été eux-mêmes formés et nourris.

En effet, ils ne peuvent transmettre à l'assimilation animale que ce qu'ils ont reçu du sol par l'assimilation végétale. Admirable enchaînement sur lequel nous ne pouvons trop nous appésantir ! Et l'homme pénétré de ces grands principes et ne les perdant jamais de vue, verra dans le foin tout autre chose que de l'herbe sèche ; il y verra de la viande et de la graisse, et il ne se demandera pas en achetant ou en récoltant du foin : combien doit-il y avoir de poids en herbe dans ce pré ? mais combien de poids en viande et en graisse.

IRRIGATIONS.

En quittant les prairies nous arrivons par une transition naturelle à la question des irrigations, question si importante pour elles et pour l'agriculture en général.

Notre parallèle de la terre, considérée comme un être agissant et fécond, avec tous les autres êtres doués des mêmes facultés, ne se trouve pas ici en défaut; il est au contraire toujours en aussi parfaite harmonie.

La terre, estomac des plantes, est comme les animaux sujette à la soif; comme eux, elle peut se passer plus long-temps de nourriture que de boisson. Dans son hygiène enfin, comme dans la leur, l'eau est l'accompagnement obligé, indispensable de tous les aliments; car sans eau pas de décomposition des matières organiques, et sans décomposition pas d'assimilation.

Ainsi l'eau est l'auxiliaire le plus indispensable, le plus puissant de la terre dans l'œuvre de la végétation ; et souvent les plus belles espérances s'évanouissent en quelques jours, parce que les plantes ont souffert de la soif pendant ce court espace de temps.

On conçoit alors combien, depuis qu'il s'est occupé de la culture des plantes, l'homme a dû attacher d'importance à ce moyen si puissant de fertilité pour sa terre et de sécurité pour lui-même sur la prospérité de ses récoltes.

Ses idées ont dû se tourner sans retard vers les moyens de donner à sa volonté de l'eau à ses champs quand le ciel, sur lequel il ne peut rien, leur en refusait obstinément, comme cela arrive trop souvent en France.

De ce besoin, de cette nécessité même dans bien des circonstances d'étancher, à défaut des eaux du ciel, la soif calamiteuse de la terre, est né l'art des *irrigations*.

Art généralement et très-habilement exercé dans un grand nombre de pays, mais fort rarement pratiqué et même entièrement inconnu dans beaucoup d'autres.

Nous pensons que cette différence si grande et si tranchée dans l'emploi de ce moyen de fertilité toujours si utile, souvent même si nécessaire, tient moins à l'indifférence ou à l'apathie des habitants des localités où il n'est pas en usage, qu'à la nature de leur sol et de leurs eaux.

Il est impossible, en effet, que cette opération dont l'idée vient naturellement à l'esprit de l'homme, qui, en voyant couler près de ses héritages de l'eau dont il connait l'influence sur la végétation, doit se dire : Si je détournais cette eau sur ma prairie, elle lui ferait le même bien qu'une pluie abondante dont elle a si besoin, il est impossible, disons-nous, que depuis que l'on cultive sur la terre cette opération n'ait pas été tentée dans presque tous les lieux où elle est facile. Mais elle s'est perpétuée là seulement où elle a réussi ; elle a été abandonnée partout où elle n'a pas eu de succès.

Et cela devait être ainsi, car toutes les eaux ne sont pas également bonnes pour l'irrigation. Il en est beaucoup dont l'effet est à peu près nul, et beaucoup d'autres même dont il est nuisible à la végétation.

Les eaux crues, froides ou chargées de magnésie, d'oxides minéraux ou d'acides végétaux par leur parcours dans les bois et dans les bruyères, ont souvent une très-fâcheuse influence sur la fertilité des champs dans lesquels on les répand. Dans les prés, elles ne produisent que des herbes aigres, amères et sans valeur nutritive. Peuvent-elles fournir aux céréales ou aux légumineuses des substances utilement assimilables?

Nous le croyons donc, partout où les irrigations sont habituellement et naturellement possibles, si elles ne sont pas pratiquées c'est qu'elles ne seraient pas utiles, parce que bien certainement elles y ont été déjà tentées plus d'une fois peut-être.

Nous exceptons de cette règle les irrigations qui demandent des travaux d'art, tra-

vaux dont nos ancêtres n'ont pas eu peut-
être la pensée ou du moins les moyens d'exécution ; mais, nous le répétons, partout où
l'eau des ruisseaux peut être facilement dé-
tournée sur les prés ou sur les champs, si
cet usage n'existe pas, c'est que sans doute
il aura été abandonné après d'infructueux
essais.

Nous insistons sur cette observation, qui
nous est propre, parce qu'en ce moment la
question des irrigations est à l'ordre du jour
et préoccupe tous les esprits ; et comme en
France on ne sait rien faire avec mesure,
on va vouloir irriguer partout et toujours, et
de là, sans nul doute, naîtront bien des
mécomptes et bien des pertes de temps et
d'argent.

Nous dirons donc aux cultivateurs : l'irrigation est une excellente, une admirable
chose dans tous les lieux où l'eau convient
parfaitement à la végétation ; étudiez donc
d'abord avant d'entreprendre des travaux
coûteux, étudiez la nature de votre eau et
ses effets sur vos prairies ou sur vos champs.

Nous n'en doutons pas, sauf peut-être quelques grands travaux d'art, la nouvelle loi aura peu d'effet sur la prospérité de l'agriculture dans une très-grande partie de la France ; et des nouveaux essais d'irrigation faits en vertu de cette loi, le plus grand nombre, sans nul doute, sera bientôt et presque partout abandonné , excepté dans le midi.

Quelque soit son utilité habituelle , on doit quelquefois voir dans l'eau autre chose que de l'eau ; car elle est seulement, comme le sol et comme l'air, un récipient de principes organiques et un agent de transmission de ces mêmes principes.

Il faut donc, pour que l'eau soit réellement utile à la végétation , ou qu'elle soit chargée de matières organiques assimilables , ou bien que par sa nature et sa chaleur elle favorise la décomposition ou l'absorption de ces matières contenues dans le sol.

Si , au contraire , elle est froide, crue et chargée d'oxides et d'acides minéraux et végétaux, non seulement elle ne donne rien par elle-même à la végétation, mais elle empêche la décomposition des matières assimilables, obstrue et encrasse les pores et les vaisseaux des plantes et donne lieu à un phénomène fort étonnant pour les hommes étrangers à la science, celui de l'irrigation, non seulement ne produisant aucun bon effet sur un champ ou sur un pré, mais quelquefois même faisant plus de mal que de bien à la végétation.

Ainsi, en pratiquant cet art utile mais dont les effets varient comme la qualité des eaux, le cultivateur devra faire avant tout, pour assurer le succès de ses opérations, une sérieuse attention à cette qualité.

Il pourra juger de la bonté de ses eaux sans avoir recours à la chimie, par la distance de leur source et la nature des terrains qu'elles parcourent.

Plus les eaux viennent de loin, plus elles traversent des champs cultivés et des terres grasses, plus elles sont propres à l'irrigation.

Si , au contraire, leur source est rapprochée ; si elles traversent des bois, des bruyères et des terres maigres , il y a tout à parier que leur effet sera nul s'il n'est pas nuisible.

D'après cette règle , les meilleures eaux sont celles provenant des pluies et qui coulant à travers des champs fertiles et bien cultivés , sans passer dans des bois ou des bruyères , viennent tomber dans les champs et dans les prés ayant un niveau inférieur. Ces eaux doivent être soigneusement recueillies et distribuées. S'il est possible de les retenir, on ne devra les laisser s'écouler qu'après un séjour assez long pour leur donner le temps de déposer entièrement sur le sol irrigué les sédiments féconds enlevés aux champs supérieurs.

Les meilleures sont ensuite celles des rivières traversant des pays fertiles , et par conséquent ayant des débordements limoneux. Si on peut de même en retenir les eaux pour laisser reposer leur sédiment , on en obtien-

dra de bien meilleurs effets que par le cours
naturel de l'eau.

Enfin les plus mauvaises eaux pour l'irrigation sont celles des sources froides et crues,
venant d'une distance peu considérable et traversant des bois, des bruyères ou des champs
siliceux ou ferrugineux. On fera mieux,
comme nous l'avons dit, de les abandonner à
leur penchant naturel que de faire des dépenses, même légères, pour les détourner
sur ses héritages.

Au reste, dans cette opération, le cultivateur devra toujours appliquer avec soin les
principes relatifs aux combinaisons chimiques
du récipient terrestre. Ainsi, par exemple,
il ne négligera aucun moyen d'amener, quand
cela sera possible, sur des champs entièrement privés de carbonate de chaux les eaux
qui, traversant des pays calcaires ou coulant
dans un lit de marne, viendront y déposer
un limon saturé de ces matières fertilisantes
dont ils ont un si grand besoin.

Nous pensons en avoir assez dit sur ce

puissant moyen d'hygiène de la terre, pour
que les agriculteurs qui liront cet ouvrage tirent tout le parti possible des eaux dont ils
pourront disposer pour cet utile emploi.

L'irrigation avec des eaux convenables et
sagement appliquée fait des miracles ; ils ne
doivent donc laisser perdre aucune de celles
qu'il leur est facile de diriger sur leurs
champs, quand leur qualité est bonne pour
cet usage, ce dont ils pourront souvent se
convaincre par des essais peu coûteux.

Mais quand cette opération exigera des travaux importants ils devront, avant de se décider à cette dépense, s'assurer, à l'aide des
règles que nous avons données et même par
des analyses chimiques, lorsqu'il y aura
doute, de la qualité réelle de leurs eaux.

En agissant ainsi, les agriculteurs s'évite-
ront bien des dépenses et bien des regrets
inutiles.

Nous avons dit avec raison que les eaux
froides et crues de fontaines venant d'une
faible distance et celles de pluies tra-

versant seulement des bois et des landes ou bruyères, sont naturellement de mauvaise qualité et peu propres aux irrigations.

Cependant les agriculteurs qui ont de semblables eaux favorablement disposées pour cet usage, peuvent remédier à ces inconvénients et diminuer beaucoup leur mauvaise nature : d'abord, en les rassemblant et en les retenant dans un réservoir où elles se réchauffent au soleil, perdent leur crudité et s'améliorent ; mais surtout en y mêlant des matières fertilisantes animales et minérales, comme la chaux, qui neutralise les acides, et les engrais pulvérulents, tels que la poudrette, la colombine, les poussières de bergeries, etc. Ces matières mélangées à l'eau, bien qu'en très-petite quantité relative, se combinent avec elle, la rendent féconde et sont, à l'aide de cette union intime, plus facilement absorbées par les plantes.

Pour tout ce qui a rapport à la pratique de l'art des irrigations, nous renverrons encore nos lecteurs aux traités spéciaux. Nous les engagerons même, quand ils auront à opérer sur une échelle un peu vaste, à faire venir des hommes habiles dans cet art d'un pays où il est déjà parvenu à un grand degré de perfection.

PLANTATIONS ET BOIS.

Nous jetterons rapidement, en passant, un simple coup-d'œil sur cette partie des productions de la terre, bien qu'elles se rattachent moins directement à l'art de l'agriculture et qu'elles soient même l'objet d'une science spéciale.

Les arbres sont aussi sujets aux immuables lois naturelles écrites dans ce livre.

Ils naissent, grandissent et vivent comme les plus petites plantes.

Ils ont besoin d'aliments analogues à leur nature pour subsister et se reproduire ; ils ont une bonne ou une mauvaise santé ; ils

vieillisent plus ou moins vite; et, par la vieil-
lesse ou l'épuisement, ils deviennent plus tôt
ou plus tard la proie vivante des parasites.

Ils partagent ainsi le sort de tous les êtres
organiques; seulement, ils mettent plus de
temps à accomplir toutes les phases de leur
existence.

Ils sont donc nécessairement aussi soumis
aux règles de l'alternat, puisqu'ils ont une
nourriture qui leur est propre.

Mais comme ils épuisent peu le sol à cause
de la grandeur de leur feuillage et de la pe-
titesse relative de leurs fruits, ils peuvent,
ainsi que nous l'avons expliqué ci-dessus,
subsister bien plus long-temps à la même
place avec l'aide de leurs racines qui vont
toujours en pénétrant plus avant dans le
sol.

Et c'est ici le cas de faire remarquer une
des merveilles inexplicables et inexpliquées
de la nature : nous voulons parler de cette
sorte d'instinct dont semblent douées les racines pour se diriger dans la recherche de

leur nourriture vers le point où elles doivent
la trouver en plus grande abondance.

Leur acheminement vers ce point, souvent
éloigné, est si direct, si assuré, qu'elles semblent guidées comme les animaux par la vue
ou l'odorat. Nous avons observé dans des
carrières de pierre de taille percée de trous
fort nombreux, disposée en couches assez
épaisses et servant de sous-sol à des bois,
des faits de ce genre qui nous ont frappé
d'étonnement et ont ouvert une vaste carrière à nos pensées. Ainsi, nous avons plus
d'une fois remarqué des racines qui s'étaient
dirigées en droite ligne et sans dévier pendant une distance de plusieurs mètres entre
deux couches de ces pierres vers un trou
rond, grand comme une pièce d'un franc
placé au milieu de l'une d'elles, afin de pénétrer par cet unique passage dans l'interstice existant entre cette pierre percée et la
couche inférieure; interstice rempli, comme
nous l'avons dit au commencement de cet
ouvrage, d'une espèce de terreau provenant

de l'exfoliation des couches et dans laquelle ces racines trouvaient une nourriture abondante. Comment expliquer la direction en droite ligne, sans hésitation, sans tâtonnement, de ces racines vers ce passage étroit, éloigné et leur traversée dans cette pierre? On ne peut pas dire qu'elle les ont rencontrés par hasard, car les trous de ces pierres sont très-multipliés et presque tous sont ainsi occupés.

Comment expliquer encore cette introduction des racines d'arbres dans les conduits des fontaines, où elles pénètrent souvent avec effraction en brisant des tuyaux de terre très-épais, en dessoudant des tuyaux de plomb dans lesquels elles avaient trouvé le moyen d'introduire d'abord un filament de la grosseur d'un cheveu?

Mais arrêtons-nous, ne nous laissons pas entraîner trop loin de notre sujet : nous avons voulu seulement jeter dans l'esprit de nos lecteurs une pensée de plus à l'appui de cette opinion, que, dans les fonctions de tous les êtres organiques , il existe une analogie naturelle et qu'il n'y a pas aussi loin qu'on le pense généralement de l'organisme végétal à l'organisme animal.

Fidèle à notre plan , nous nous contenterons d'appliquer aux plantations et aux bois les principes généraux posés dans cet ouvrage pour tous les êtres végétants ; les agriculteurs en déduiront les conséquences et en feront usage dans la pratique.

Nous dirons donc :

Il faut alterner les arbres comme les plantes, en observant à cet égard les principes et les règles que nous avons indiqués.

Ainsi , plus les arbres ont de branches et de feuilles relativement à la grosseur et au nombre de leurs fruits , moins ils épuisent le sol et par conséquent plus ils peuvent occuper de temps la même place ou le même terrain.

Voilà pourquoi les taillis qui portent rarement du fruit se renouvellent si long - temps au même lieu ; tandis que les futaies , quand on les abat, repoussent rarement et sont ordinairement remplacées par d'autres essences.

Voilà pourquoi les chênes, les noyers, les ormes, les cormiers, dont les fruits sont si peu de chose en comparaison de leur feuillage, vivent des siècles.

Tandis que les pommiers, les poiriers, les cerisiers, les pruniers sauvages, etc., qui se couvrent souvent d'une masse de fruits plus considérable que celles de leurs feuilles, subsistent bien moins long-temps, s'épuisent plus vite et sont plus tôt la proie des parasites.

Une observation que nous saisissons en passant et qui vient prêter un puissant appui à cette opinion que la terre fournit seule à peu près tous les sucs nécessaires à la fructification, c'est celle relative aux variétés de fruits venant naturellement de semis dans les bois et dans les pépinières et fixées ensuite par la greffe. Évidemment, cette différence si grande dans les fruits d'un seul sujet au milieu de tant d'autres provenant des graines

du même arbre est due à une disposition
particulière du sol à la place où est tombée
cette graine prédestinée ; disposition qui , en
influant sur l'embryon au moment de sa
naissance et pendant son développement ,
a préparé ses organes à une production de
fruits plus parfaits dans leur forme et dans
leur goût que ceux de ses nombreux frères
moins bien partagés de la nature.

Nous en avons dit assez sur ce sujet important pour que nos lecteurs puissent se guider sûrement dans la culture des arbres par
l'observation de ces règles générales.

Faisons seulement remarquer que la dis-
parition des belles futaies de nos forêts tient
non seulement à l'abus que l'on a fait de
leur exploitation , mais encore à la loi naturelle de l'épuisement du sol par le même
genre de production , épuisement que les arbres opèrent aussi , mais sur une échelle de
temps différente.

Nous voici naturellement amenés par notre
sujet sur le terrain d'une question à l'ordre

du jour, comme celle des irrigations, et qui préoccupe autant les esprits, celle du reboisement des terrains en pente. On s'éviterait bien des discussions et des controverses inutiles si, au lieu de se jeter dans le vague à la recherche de la cause d'un effet bien naturel, on s'appuyait pour la trouver plus sûrement sur les principes fondamentaux de l'existence organique, principes immuables, principes universels qui répondent à tout, expliquent tout et apprennent tout en agriculture.

Les terrains en pente se sont naturellement déboisés ou ne se sont pas reboisés quand on a détruit les bois qui les couvraient, parce que, ainsi que nous l'avons dit, la terre considérée dans son action féconde est soumise aux mêmes lois que les animaux et les plantes.

La terre vieillit et ses sommités se déboisent comme la tête de l'homme se dénude, comme la cime des arbres se couronne, par l'inévitable effet de l'âge.

Si la végétation des montagnes et des ter-

rains en pente s'affaiblit et s'efface peu à
peu, c'est que les sucs vitaux, épuisés par
l'usage ou entraînés par les eaux, les ont
aussi graduellement abandonnés. On aurait pu
peut-être, par des précautions et des soins
intelligents, empêcher ou retarder ce déboi-
sement, comme l'homme peut quelquefois
retarder la chute de ses cheveux et comme
on pourrait empêcher ou retarder par des
soins pris long-temps à l'avance le couronne-
ment des chênes. Mais aujourd'hui il nous
paraît aussi impossible de reboiser avec un
succès durable la plupart des montagnes,
que de rendre la vie aux branches sèches d'un
arbre couronné, ou de regarnir de cheveux
la tête d'un homme chauve.

C'est l'effet du temps, rien n'y peut ; et
tous les remèdes apportés seront aussi impuissants sur les sommités de la terre que
le sont sur la tête de l'homme la pommade
du lion, de l'ours ou du chameau, et mille
autres cosmétiques non moins vantés et non
moins trompeurs.

On pourra bien reboiser à grands frais les terrains en pente, mais les arbres ne prospéreront pas sur ce sol épuisé et le but sera totalement manqué.

En un mot, et pour compléter la comparaison que nous avons commencée, reboiser artificiellement les montagnes, ce serait mettre une perruque à la terre.

Nous terminerons ici nos conseils et nos avis sur l'hygiène de la terre, c'est-à-dire sur le meilleur régime à lui faire suivre pour l'entretenir toujours dans un suffisant état de fertilité, tout en lui demandant un travail à peu près continu. Nous en avons dit assez pour que tout cultivateur soigneux, intelligent et amoureux de son art, puisse être lui-même le médecin de sa terre et lui conserver la santé tout en lui demandant d'abondants produits.

Pour l'homme bien pénétré de ces grands principes à chaque ligne rappelés dans ce livre, la terre n'est plus une matière inerte et morte ; elle est un être agissant, sensible,

impressionnable à l'atteinte des éléments ,
sujet à la faim, à la soif, à la fatigue et à
l'épuisement.

A ces sentiments physiques elle semble
même souvent joindre des facultés et des
qualités morales ; car si elle est constamment
rebelle aux mauvais traitements , si même
elle paraît quelquefois capricieusement ingrate, elle se montre en revanche presque
toujours largement et généreusement reconnaissante du bien qu'on lui fait.

Il devra donc agir avec elle comme il agi-
rait avec un être réellement animé, avec une
tendre mère ou une bonne nourrice du sein
de laquelle il attendrait sa vie, pour laquelle
il aurait les plus grands soins et dont il s'em-
presserait dans son propre intérêt de satisfaire les besoins, les exigences et même les
caprices.

Il les étudiera donc tous avec une attention journalière; il surveillera attentivement
sa santé et s'empressera de porter remède
au mal dès qu'il en appercevra les premiers

symptômes, sans jamais le laisser se développer et grandir ;

Sero medicina paratur
Cùm mala per longas invaluere moras (1).

Il lui donnera avec amour les soins nécessaires pour la tenir toujours dans un état satisfaisant de toilette et de santé ; il lui offrira le plus souvent possible et en quantité suffisante sa nourriture de prédilection, la chargera suivant ses forces et la laissera reposer au besoin.

Enfin, prenant pour guide la nature, il changera souvent son travail et sa tâche ; car la terre, comme tous les êtres, aime surtout la variété.

Considérée de ce point de vue élevé, l'agriculture se revêt aux yeux du monde d'une forme toute nouvelle ; elle n'est plus le labeur ingrat du manant ignare et merce-

---

(1) Il n'est plus temps de recourir au remède quand le mal a pris toute sa force par un trop long retard.

naire, elle est la noble et fructueuse occupation de l'homme intelligent et libre ; elle cesse d'être un métier, elle est plus qu'une science, elle est un art, le plus attachant, le plus utile et le plus libéral de tous.

DES ANIMAUX CONSIDÉRÉS COMME PRODUIT DE L'AGRICULTURE.

Après avoir décrit et tâché d'expliquer les admirables phénomènes de l'assimilation végétale, c'est-à-dire les diverses opérations par lesquelles la *terre* et l'*air,* élaborant dans leur sein les corps simples et les principes vitaux disséminés dans la nature sous mille formes, les combinent, les solidifient et les organisent dans l'œuvre de la végétation avec l'aide de l'*eau* et de la chaleur ou du *feu,* nous allons nous occuper maintenant de l'assimilation animale ou du second degré d'organisation de ces corps simples ou principes vitaux, dans l'œuvre non moins admirable par laquelle ils passent de l'organisme végétal à l'organisme animal, c'est-à-dire à la vie en s'incorporant à des êtres animés.

Nous avons dit comment les gaz et les matières organiques décomposées deviennent de l'herbe, du grain, de l'huile et autres substances utiles à l'homme : nous avons tâché d'indiquer les meilleurs moyens d'aider à cette transformation, de la rendre plus abondante et plus fructueuse ; nous allons maintenant dire comment, poursuivant son œuvre créatrice, l'agriculture transforme ces mêmes matières et ces mêmes gaz parvenus à l'état d'organisation végétale, en viande, en lait, en graisse, en cuir, en laine, toujours pour la plus grande utilité de l'homme, et nous tâcherons d'indiquer les moyens les plus prompts, les plus avantageux et les moins coûteux pour opérer ces diverses transformations.

Dans cette opération, la plus importante de l'agriculture après celle dont elle procède elle-même (la transformation première des principes vitaux en matière végétale), le chimiste agriculteur devra toujours suivre les mêmes règles et s'appuyer sur les mêmes principes ; car, tout s'enchaîne dans l'organisme , ou plutôt le règne végétal et le règne animal ne sont qu'une seule et même chose arrivée à un point plus ou moins avancé vers la perfection.

L'œuvre de l'organisme , c'est la réunion , la combinaison , la solidification et la transformation des gaz et des corps simples en corps organisés et vivants. La végétation est la première forme qu'ils revêtent avant d'arriver à l'animation ; en un mot, le règne végétal est la chrysalide du règne animal.

L'agriculture française emploie quatre principaux genres d'animaux pour opérer à son profit cette transformation de la matière végétale en substances animales : le cheval, le bœuf , la brebis et le porc.

La chair du premier n'est pas comestible pour l'homme , et cependant elle se vend presque toujours à un prix très-élevé, parce que le cheval est devenu un objet de première nécessité non seulement pour l'agriculture, mais pour la société tout entière.

Le second, non moins nécessaire et plus utile encore, puisqu'il pourrait à la rigueur suppléer comme moyen de traction le cheval qui ne peut le suppléer comme moyen d'alimentation, le bœuf se vend pour son travail d'abord, et ensuite pour sa chair excellente et d'un usage général. Sa femelle, la vache, nous donne un lait agréable et sain, dont la consommation est immense et universelle.

La troisième, la brebis, outre sa chair saine, nourrissante et généralement estimée, nous fournit la laine, cette matière précieuse que rien ne pourrait remplacer pour l'habillement de toutes les classes de la société.

Les dépouilles de ces trois genres sont transformées, après avoir subi diverses préparations, en cuirs variant dans leur qualité comme dans leur emploi, mais qui sont encore un objet de première nécessité.

Enfin le quatrième genre, le porc, sert seulement à la nourriture de l'homme. Mais il y sert tout entier : sa chair, sa graisse, son sang, ses intestins et sa peau même, préparés ou salés, sont la nourriture animale la plus habituelle et la plus recherchée du peuple des villes et des campagnes.

Il est donc vrai de dire : L'agriculture est la mère nourrice des peuples et le fondement le plus assuré de leur puissance et de leur prospérité. C'est elle qui crée et leur fournit les matières propres à les nourrir et à les vêtir ; or, plus l'agriculture sera riche et florissante, plus elle produira de pain, de viande, de lait, de laine et de cuir ; plus toutes ces denrées seront abondantes moins elles seront chères, plus le peuple sera bien nourri et bien vêtu, et plus alors il naîtra et vivra d'hommes sur le même espace de terre.

Les progrès des nations vers toutes les prospérités humaines sont donc intimement liés, fatalement inhérents, aux progrès de leurs classes agricoles vers le bien-être et la richesse.

L'agriculture, c'est de la viande et du pain ; de la viande et du pain, ce sont des hommes ; des hommes, c'est de la force, de la puissance et de la richesse sociale. Ainsi, pour un état, l'agriculture c'est la force, la puissance et la richesse. Méconnaître de telles vérités, c'est nier la lumière du soleil au zénith.

Entre les quatre moyens indiqués à l'aide desquels l'agriculteur peut transformer pour son utilité l'herbe et le grain en viande et autres produits du règne animal, il devra choisir celui ou ceux qui, avec le moins de dépenses, devront lui donner le plus de profit net.

Ainsi, il aura égard non seulement au prix de vente de la matière à produire, mais aussi et surtout à son prix vrai de revient.

L'inobservance ou l'oubli volontaire de cette règle ont déjà causé et causeront encore bien des mécomptes agricoles.

Pour arriver sûrement à la connaissance
de ce point important, il devra savoir d'abord
ce que lui coûtent son herbe et son grain ;
et ensuite combien il en faut de kilos pour
produire un kilo de viande , de graisse ou de
lait. Il le saura avec toute l'exactitude
possible, au moyen d'une comptabilité rigoureusement tenue suivant les règles indiquées
dans les bons traités existants sur cette
matière, et auxquels nous renvoyons nos
lecteurs (1).

Remarquons en passant qu'une telle comptabilité est une chose nécessaire , indispensable même et sans laquelle il n'est pas plus
possible de marcher au succès en agriculture , que de naviguer sur l'Océan sans bous-
sole.

Dans la production des matières animales,
l'agriculteur devra soigneusement prendre en
considération les principes posés relative-

(1) **MM.** Mathieu de Dombasle et Royer, inspecteur d'agricul
ture, ont publié d'excellents traités de comptabilité agricole.

ment à la production de la matière végétale, et ne jamais méconnaitre un instant les lois de la transformation des corps similaires.

Nous verrons à chaque genre de produits quelles sont les règles particulières à lui appliquer; mais, en thèse générale, l'effort de production devra toujours être proportionné à la force productrice, et la nature du produit être le plus possible en rapport avec celle du producteur.

Car, dans cet admirable travail de la nature, la transformation en matière mobile et vivante de la matière inerte et morte, non seulement l'organisme animé se forme des substances similaires que lui fournit l'organisme inanimé, mais dans son action organique il participe encore des principes élémentaires dominant dans les matières dont il s'est composé par l'assimilation.

Ainsi, dans les terrains arides, pierreux, exposés au midi, et dans les climats brûlants et secs où la végétation et la vie ont lieu sous l'influence dominante de la chaleur, du *feu*, les herbes et les grains ont un tissu plus fin, des sucs plus essentiels et des parfums plus développés ; en un mot, ils ont plus de feu dans leur nature. Aussi les animaux qui se les assimilent sont plus légers, plus ardents et plus vifs ; ils ont plus de *feu* dans le sang.

Dans les pays froids et sur les montagnes, où l'air prédomine, la végétation a les fibres plus fermes, plus rigides ; ses tissus sont plus serrés, ses principes plus vivifiants, plus oxigénés. Aussi les animaux qui s'en nourrissent sont plus forts, plus durs, plus robustes et vivent plus long-temps ; ils ont plus d'oxigène, plus d'*air* dans le sang.

Enfin, dans les pays tempérés et brumeux et dans les terres humides et grasses où l'eau surabonde, les végétaux ont les fibres plus molles, leur nature est plus aqueuse et leurs formes sont plus développées. Aussi les animaux y sont plus grands, plus lourds et plus mous ; ils ont plus d'*eau* dans le sang.

En prenant pour base invariable de ses

spéculations dans la production animale ces principes naturels et vrais, l'agriculteur chimiste s'épargnera bien des dégoûts, bien des erreurs et bien des mécomptes.

L'opération par laquelle il fait de la chair et de la force avec de l'herbe et du grain, est en tout semblable dans ses résultats à celle par laquelle on fait du vin avec le raisin.

Si le raisin a mûri dans un terrain sec, pierreux et sous l'influence ardente du soleil, il donnera moins de vin, mais ce vin sera plus fin, plus généreux et contiendra plus d'alcohol ou d'esprit ; si, au contraire le raisin provient d'un terrain gras, humide et placé sous un ciel tempéré, il donnera une plus grande quantité de vin, mais ce vin sera mou, plat et sans force spiritueuse.

Dans l'œuvre de la transformation animale on retrouve la même transmission des principes divers : le raisin, c'est l'herbe et le grain ; le vin, c'est la chair et la graisse ; l'esprit, c'est la force et la légèreté.

Ainsi l'on ne pourra pas même obtenir de la viande avec des herbes aigres et courtes, poussant sur des terrains maigres ou marécageux; car, nourries par un sol et par des eaux ne contenant pour ainsi dire aucune parcelle d'organisme animal, ces herbes ne peuvent fournir aux malheureux animaux qui les absorbent , aucun principe assimilable à leur substance.

Mais on pourra demander :

De la graisse aux pâturages abondants et gras, c'est-à-dire engraissés de longue main, naturellement ou artificiellement, par des fumiers ou par des eaux contenant des matières animales ;

De la grandeur et de la pesanteur aux terrains fertiles , humides et plantureux , arrosés par des eaux douces et molles ;

De la vigueur et de la légèreté aux sols fermes, chauds et secs, ayant des eaux vives et pures.

Nous le répétons, dans l'organisme tout se lie, tout se tient et s'enchaîne.

Ses lois sont immuables et absolues : vouloir les transgresser, c'est une ruineuse folie ; chercher à les éluder, c'est une tentative dangereuse et vaine : le mieux, le plus sage, c'est de les observer et de s'y conformer religieusement.

En agissant ainsi, on sera dans le vrai, et le vrai seul mène au bien en agriculture comme en tout autre chose.

Non seulement ces quatre espèces d'animaux sont, après le foin et le grain, le principal produit de l'agriculture et la plus importante branche de ses profits ; ils ont encore une bien grande utilité pour elle.

Ils sont des machines vivantes, qui transforment en fumier une grande partie des matières végétales qu'ils consomment.

De ces divers aliments élaborés dans le travail de la digestion, une faible partie, la plus parfaite, la plus similaire est seule absorbée par les différents vaisseaux de l'animal pour aller dans tous ses membres entretenir sa vie, sa force et sa santé.

Les parties les plus grossières, les moins triturées, les moins propres à l'assimilation, après avoir subi l'épreuve du creuset dans l'estomac, sont rejetées par l'animal sous forme liquide ou solide. Ces matières, entièrement composées de principes organiques végétaux, minéraux et animaux, redeviennent éminemment propres à l'assimilation végétale par la nouvelle décomposition qu'elles subissent dans le sol.

On peut comparer l'action de l'estomac sur les matières absorbées, à l'effet du pressoir sur le raisin et sur les pulpes oléagineuses.

Les substances assimilées par l'animal, ce sont le vin et l'huile extraits du fruit par la pression.

Les résidus de la digestion, ce sont les marcs, qui contiennent encore une grande quantité de principes assimilables, et qui sont, par conséquent, un excellent engrais pour les plantes et particulièrement pour celles ayant une nature analogue.

Ce produit varie dans les quatre espèces,

suivant leur nature, leur état de santé et le genre de leur nourriture.

Le cheval, animal d'un tempérament chaud, bilieux et sanguin, surtout quand il est nourri à l'écurie de foin sec et de grain, c'est-à-dire de substances avancées vers l'état de perfection végétale, donne un fumier plus chaud, plus actif et plus saturé de principes vitaux que celui du bœuf, animal d'un tempérament lymphatique et froid, vivant ordinairement d'herbe et de paille.

Quand le cheval est au vert, son fumier, quoique bien moins énergique, est encore préférable à celui du bœuf; et jamais le fumier de bœuf, même nourri à l'étable de bon foin et de grain, n'égalera celui du cheval nourri de même.

Cette supériorité tient à la nature, au tempérament de l'animal, bien plus encore qu'à son genre de nourriture : nouvelle preuve à l'appui de nos principes.

Le mouton, animal d'un tempérament sec et sanguin, buvant peu et se nourrissant habituellement d'herbes fermes et mûres, donne un fumier excellent, ayant beaucoup de feu et de principes vitaux. Quand le mouton mange des herbes aqueuses et tendres, son fumier est moins chargé de principes azotés et contient plus d'eau, mais il est encore très-bon.

Enfin la qualité du fumier du porc dépend plus que celui des autres espèces de son genre de nourriture. Cet animal, avide et vorace, digère vite et s'assimile une partie moins considérable des matières absorbées : ces matières conservent donc une plus grande quantité des principes qu'elles contenaient avant l'absorption. En général, le fumier de porc est bon et n'est pas estimé à sa valeur réelle.

La nature du fumier devra aussi être une considération puissante pour les agriculteurs dans la préférence qu'ils donneront à l'un de ces quatre produits animaux.

Les fumiers de cheval et de mouton conviennent parfaitement aux terrains argileux et froids.

Les fumiers de vache et de porc aux sols chauds, secs et légers.

Malgré notre intention de n'entrer dans aucun détail de pratique agricole, le sujet dont nous sommes occupés nous engage cependant à dire quelques mots d'une méthode qui s'y rattache directement, méthode fort préconisée et qui, en effet, présente bien des avantages dans certains cas, mais n'est pas sans inconvénients dans beaucoup d'autres ; nous voulons parler de la *stabulation*, c'est-à-dire du séjour continuel des bestiaux à l'étable pour ne perdre aucune partie de leurs excrétions.

Cette méthode est avantageuse pour l'augmentation de la masse des engrais, cependant elle peut nuire à la santé des vaches laitières et des jeunes animaux auxquels un exercice modéré est toujours favorable.

Mais elle est utile, nécessaire même pour l'engraissement. Le repos et la tranquillité sont deux conditions indispensables de la production de la graisse. Il est même certain que l'air des étables, moins vif et plus chargé de principes azotés, prédispose à la pléthore graisseuse.

L'embonpoint ordinaire et la belle carnation habituelle des bouchers et des équarrisseurs prouve que l'air imprégné d'émanations animales possède même une certaine puissance nutritive. C'est un moyen auxiliaire et mystérieux de l'assimilation organique dont l'action s'étend aussi au règne végétal. On a des exemples d'arbres ou de plantes sur la végétation desquels les exhalaisons seules des engrais ou des voiries ont exercé la plus favorable influence.

Nous recommandons cette observation aux sérieuses méditations des personnes qui se livrent à l'engraissement des bestiaux.

Faisons remarquer ici, en terminant, que, par une conséquence naturelle de nos principes, plus les animaux sont épuisés et maigres, moins leur fumier a de qualité.

Nous comparions, il y a un instant, l'action de l'estomac sur les aliments à l'effet du pressoir sur le raisin : appliquons encore cette comparaison au sujet qui nous occupe. On conçoit en effet que dans un animal maigre dont le corps est épuisé de principes vitaux, l'estomac doit enlever aux substances soumises à son action tous les principes assimilables qu'il y trouve, et que dans ce cas aucune autre excrétion animale ne peut se joindre à la masse du résidu des aliments. Le corps n'a rien de trop ; il extrait et garde tout pour lui, comme le vigneron pauvre exprime jusqu'à la dernière goutte du marc de son raisin.

Dans l'animal bien portant et gras, au contraire, le corps et l'estomac sont saturés de ces principes vitaux ; et non seulement ils s'assimilent lentement, paresseusement les parties les plus parfaites des matières absorbées, mais ils mêlent encore à leur résidu le trop plein des chyles dont ils sont imprégnés. Voilà pourquoi on trouve la graisse et autres concrétions animales dans leurs fumiers, et pourquoi aussi ces fumiers sont si supérieurs à ceux des animaux maigres.

Toujours les mêmes principes, les mêmes lois et les mêmes règles dans toutes les opérations de la nature.

La misère engendre la misère; la maigreur cause la maigreur.

Triste et fatal enchaînement dont l'agriculture a bien de la peine à s'affranchir dans un grand nombre de pays.

Dans les localités arides et maigres, les herbes courtes et sans sucs nourrissent péniblement des animaux étiques et faibles, qui, par conséquent, donnent en petite quantité des fumiers impuissants et pauvres.

Comment faire sortir de là des récoltes abondantes et riches?

Ce n'est pas impossible; mais, pour parvenir à ce résultat si difficile, il faut des hommes habiles, prudents, sachant attendre, et surtout ayant des capitaux suffisants. Aussi ces malheureux pays entreront les derniers dans la voie des progrès; ils seront obligés d'attendre le trop plein des capitaux et des bras des autres contrées mieux partagées de la nature.

CHEVAUX.

Les règles générales que nous venons de donner abrégeront beaucoup pour nous ce que nous avons à dire de chacun des produits animaux les plus ordinaires de l'agriculture en France.

Tous les faits relatifs à cette production dans le monde entier viennent appuyer ces règles.

Nous voyons, en effet, chaque pays produire naturellement des chevaux en rapport avec la nature de son sol.

L'Arabie, terre natale de l'espèce chevaline, nourrit les meilleurs chevaux connus, beaux, fiers, ardents, légers, infatigables. L'Arabie a un ciel brûlant, des herbes fortes et substantielles ; et, en outre, l'Arabe devinant les lois naturelles de l'assimilation, entretient la vigueur de ses chevaux avec une nourriture animale : il lui fait manger de la viande.

Ce noble animal, type de l'espèce, puise dans l'herbe courte et ferme de ses steppes, dans l'eau vive de ses rochers et dans l'air enflammé de ses déserts un sang pur, généreux et plein de feu.

Ce sang est la source primitive d'où l'Europe tire sagement celui de ses chevaux de courses et de bataille.

L'Allemagne a des races plus grandes et plus corsées qu'elle doit à ses pâturages abondants et gras, à son ciel pluvieux et tempéré.

La Pologne et la Russie, pays froids, ont des chevaux d'une taille moyenne, aux fibres rigides, durs, vigoureux, robustes et vivant long-temps.

La Hongrie et la Turquie, plus méridionales et plus sèches, nourrissent des chevaux se rapprochant plus de la nature arabe, petits, légers, infatigables.

Les mêmes observations s'appliquent au littoral de l'Afrique et à l'Espagne.

La Grande-Bretagne a changé forcément ses races; au lieu de gros chevaux appropriés à son climat et à son sol, pesants, charnus et mous, elle s'est composé un cheval artificiel.

En combinant le sang arabe avec celui de ses grandes haquenées anglo-normandes, elle est parvenue à donner de la vigueur, de la légèreté et de la vitesse à des animaux hétéroclites dont la singulière beauté, toute de convention, consiste principalement en une tête longue et plate, une encolure longue et droite, un corsage long et mince et des jambes longues et grêles.

A l'Angleterre, éternelle et damnée joueuse de courses de chevaux, il fallait avant tout le cheval-lévrier; à force de patience et de sacrifices elle a réussi à se le créer pièce à pièce.

La France, par la variété de son sol et de son climat, était autrefois le pays du monde le mieux partagé sous le rapport des chevaux de toute espèce.

La Normandie, pays riche et fertile, lui donnait en abondance d'excellents et beaux chevaux de carrosse et de grosse cavalerie.

Le Limousin, contrée granitique et montagneuse, aux eaux vives et pures, élevait d'admirables chevaux de selle, d'une taille moyenne, mais fins, bien faits, vigoureux, infatigables et vivant long-temps. C'était peut-être, après l'arabe pur, la plus belle et la meilleure race de chevaux de selle du monde entier.

Si un autre pouvait lui disputer la palme, c'était le cheval navarrin, moins souple et moins fin, mais plus ardent, plus fier, aux formes plus arrondies et plus gracieuses.

Enfin la Bretagne, le Poitou, le Perche, l'Artois et même le Berry, aujourd'hui si complètement effacé à cet égard, possédaient tous d'excellentes races de guerre ou de trait, variant entre elles suivant les contrées et la nature de leurs eaux et de leurs herbages.

La France, atteinte de cette malheureuse folie qui lui a coûté si cher, *l'anglomanie*, en voulant imiter l'Angleterre et faire *quand même* des chevaux de courses, a étiré et déformé ses races élégantes, fines et vigoureuses, en les croisant sans discernement avec des *lévriers* anglais.

Sous l'influence délétère de ces déplorables croisements qu'est devenue la race normande, où en sont aujourd'hui les races limousines et navarrines?

Ce fut là une immense et peut-être une irréparable faute. La France aurait dû conserver avec soin les types qu'elle devait à son climat et à la nature de son sol ; tout ce qu'elle pouvait faire, c'était de les rajeunir de temps en temps en y jettant quelques gouttes de pur sang arabe et non du pur sang anglais.

Qu'avait à faire en effet le pur sang anglais dans les veines de nos chevaux ; la France est-elle aussi la terre classique des jockeys et des courses au clocher? Est-elle peuplée de riches et forcenés parieurs toujours prêts à échanger des monceaux d'or contre une longue carcasse chevaline au cou de girafe, aux flancs de lévrier, aux jambes de grue, parce que cette machine de course, souvent complètement tarée et toujours dûment sophistiquée, aura parfois atteint le but un centième de seconde avant ses concurrents ?

Heureusement nous n'avons pas poussé la démence jusqu'à vouloir transformer en chevaux de courses nos chevaux de trait ; les fortes et belles races du Perche, du Poitou, de la Bretagne, de l'Artois, de la Flandre française, etc., ont échappé à l'anglomanie ; et, sous ce rapport, la France est encore assez bien partagée, et si son agriculture en avait la volonté comme elle en a le pouvoir, bientôt elle n'aurait rien à envier pour la production des chevaux à aucun pays de l'Europe.

Il ne serait pas impossible, nous aimons à le penser du moins, de régénérer par elles-mêmes les races de luxe limousines, normandes et navarrines, en y mêlant judicieusement le sang type, le sang arabe bien pur et bien choisi.

On pourrait, par des croisements sages et

gradués, améliorer les races des autres contrées en même temps que les produits de leur agriculture s'amélioreraient ; mais, par les raisons que nous avons données, ces améliorations ne devraient être tentées avec un juste espoir de succès que sur les grosses races de trait. Avec du foin et du grain, on peut presque partout produire des os, des muscles et de la viande de cheval ; mais on ne peut faire des chevaux légers, ardents et fins que dans les pays dont les éléments producteurs sont naturellement propres à transmettre ces qualités.

D'ailleurs, l'intérêt des cultivateurs se trouve ici d'accord avec la nature : il est presque partout en France plus avantageux de faire des chevaux de trait dont l'éducation est plus facile, moins coûteuse et dont la vente est assurée à deux ans, que des chevaux de luxe qui s'élèvent difficilement, sont délicats, sujets aux accidents et se vendent fort tard, jamais ou bien rarement ce qu'ils ont réellement ment coûté

Ainsi l'agriculture peut partout avec du foin et du grain faire du cheval comme du bœuf et du mouton ; c'est aux agriculteurs à bien évaluer, avant de se décider, ce que leur coûtera net le kilo de chacune de ces viandes alors qu'il sera temps de la vendre.

Ils devront, dans cette évaluation, faire une sérieuse attention à la nature de leurs pâturages ; en prenant pour guide dans cet examen les principes posés dans cet ouvrage, ils reconnaîtront facilement à quel genre de production animale ces pâturages sont plus particulièrement propres.

Soumis à la règle que nous nous sommes imposée, nous n'entrerons dans aucun détail particulier sur l'éducation des chevaux. Nous dirons seulement aux cultivateurs qui voudront en produire :

Etudiez votre terrain, votre climat et vos moyens de production ;

Améliorez la race du pays plutôt que de chercher à introduire et naturaliser des races nouvelles là où les herbes, les eaux et le climat n'ont aucun rapport avec leur nature ;

Imitez, aidez même la nature, mais ne cherchez jamais à lui faire violence.

Vouloir élever des chevaux arabes, ou limousins, ou navarrins, c'est-à-dire des chevaux fins, ardents et légers, aux pieds de mulet, aux jambes sèches, aux formes élégantes dans les pâturages humides, gras et plantureux de la Normandie ou de la Flandre, c'est vouloir faire produire du vin de Constance ou d'Alicante aux plaines argileuses et froides de la Picardie ou de l'Artois. L'un est aussi impossible que l'autre : toutefois nous entendons parler seulement ici de l'éducation champêtre des chevaux. On peut partout sans doute élever des chevaux fins entièrement à l'écurie; mais quelle dépense toujours, et presque toujours aussi quels tristes et maigres produits !

Nous ne terminerons pas ce chapitre sans déplorer la perte énorme résultant pour la richesse publique de l'importation considérable des chevaux étrangers en France, chevaux en général assez mauvais, fort chers et remplissant mal le but pour lequel on se les procure à grands frais.

Mais pour remédier à ce mal invétéré, nous ne dirons pas, comme presque tous les écrivains aux agriculteurs : faites davantage de chevaux ; nous leur dirons ; mettez-vous peu à peu en mesure de faire plus de chevaux, en améliorant vos méthodes, en produisant enfin plus de ces matières qui se convertissent en cheval.

Il ne s'agit pas en effet de mettre *le cheval avant le foin*: pour agir sagement, il faut que le cheval vienne après le foin ; car c'est le foin qui fait d'abord le cheval, ensuite le cheval aide à faire le foin.

A mesure que l'agriculture s'améliorera et produira davantage de matières végétales, le prix de ces matières baissera pour elle, et alors elle pourra les convertir en viande de cheval ; viande dont le prix réel de revient est malheureusement aujourd'hui trop cher pour qu'on puisse se livrer partout avec profit à sa production.

Voilà où est la source véritable du mal dont on se plaint : la France manque de chevaux parce qu'elle manque de foin. Commençons donc par faire de l'herbe, les chevaux viendront bien vite quand nous en aurons assez pour eux.

C'est donc vers les progrès généraux de l'agriculture qu'il faut porter aujourd'hui ses regards et ses efforts; à mesure qu'elle grandira et se perfectionnera, ses produits en tous genres augmenteront et s'amélioreront ; et quand elle aura abondamment du foin qu'elle ne pourra plus vendre chèrement sur les marchés, elle s'empressera de le convertir en viande. Alors enfin la France sera pour toujours affranchie de l'énorme et ruineux tribut qu'elle paie annuellement à l'étranger en échangeant de l'or et de l'argent, valeurs inaltérables et persistantes, contre une valeur passagère et variable qui s'use et disparaît entièrement en peu de temps.

BÊTES BOVINES.

La plus grande et la plus utile conquête de l'homme agricole ce fut bien certainement l'asservissement du bœuf à la domesticité. Ce puissant animal, dont la patience égale la vigueur, est pour lui bien plus précieux encore que le cheval ; il possède une double valeur, celle de sa force et celle de de sa chair. Après avoir passé les deux tiers de sa vie dans les utiles et pénibles labeurs de l'agriculture, il n'a ordinairement rien perdu de son prix, on l'engraisse et on le livre au boucher.

La vache, sa femelle, outre un veau qu'elle donne à peu près tous les ans, fournit en abondance, quand elle est bien nourrie, un lait agréable et sain, aussi recherché pour la table du riche que pour celle du pauvre, et qui, transformé en beurre et en fromages de toutes espèces, est une source de richesse pour certaines localités, et dans beaucoup d'autres forme la base ordinaire des légers repas des ouvriers des fermes.

Aussi on ne saurait trop protester contre la tendance actuelle des cultivateurs à remplacer le bœuf par le cheval pour la traction des instruments aratoires. Nous avons déjà dit notre pensée à cet égard. Cette déplorable substitution est également funeste à l'agriculture dont elle augmente les dépenses et diminue les bénéfices, et à la société tout entière dont elle altère une des ressources alimentaires les plus précieuses.

La valeur réelle du plus beau cheval, est toute dans sa vigueur ou dans sa vitesse, et son prix tout entier périt avec elle; le bœuf, au contraire, quand il ne peut plus travailler, offre encore dans sa chair une valeur presque toujours égale et souvent supérieure à celle de sa force.

C'est donc une production toujours utile et souvent profitable que celle du bœuf; cependant les agriculteurs devront observer à cet égard les règles que nous avons tracées pour le cheval : avant de produire du bœuf, il faut savoir ce qu'il coûte.

Ils compareront donc attentivement le prix de revient réel de cette viande avec celui de sa vente.

Ils consulteront aussi, avant de se décider, la nature de leur sol ; et, d'après cette nature, ils opteront entre les chevaux et les bœufs, en prenant toujours pour guide les conseils donnés à ce sujet dans cet ouvrage.

Enfin, suivant la position de leur exploitation, le genre de leurs productions agricoles, la qualité et l'étendue de leurs pâturages, ils choisiront entre les divers moyens de tirer parti des produits de cet utile animal.

Ils feront des élèves destinés à être vendus jeunes ou adultes ; ou bien ils se livreront à l'engraissement des bœufs hors de travail, ou de préférence à l'industrie du laitage.

Ce ne sera pas chez eux toutefois une affaire de goût ; ils seront guidés ou plutôt forcés dans ce choix par les puissantes règles ci-dessus posées, et qu'ils ne pourraient transgresser sans danger.

S'ils sont éloignés des villes et s'ils ont des pâturages étendus mais d'une médiocre fertilité, donnant par conséquent des herbes et des foins peu chargés de principes graisseux, ils préféreront élever de jeunes animaux pour les vendre à un an ou dix-huit mois : cette qualité d'herbes pouvant produire facilement de la viande à ce degré peu avancé vers la perfection vitale.

S'ils sont dans le voisinage d'une ville ou de tout autre foyer de consommation, et s'ils ont de vastes prairies donnant une herbe abondante et de bonne qualité, mais pour lesquelles ils ne peuvent disposer d'engrais, ou qui sont arrosées par des eaux douces et limoneuses mais peu chargées de principes organiques animaux, ils pourront se livrer avec profit à l'industrie du laitage et, autant

que possible, ils vendront leur lait en nature.

Jamais sa réduction en beurre ou en fro-
mage ne peut donner le même produit que
la vente directe du lait, même à un prix
peu élevé.

Bien entendu qu'au produit de leurs prairies naturelles consommées en vert ils join-
dront, dans ce cas, pour la nourriture de
leurs vaches, des racines et des foins artificiels.

Dans la production du laitage se retrouve
avec toute sa puissance l'éternelle et immuable loi de l'assimilation et de l'influence des
principes élémentaires.

Des herbes aqueuses et molles donnent un
lait aqueux et sans vertu ; plus au contraire
les herbes sont fermes et mûres, plus elles
ont de force nutritive et plus le lait contient
de parties butireuses ou caséeuses, variant
encore entre elles suivant les localités.

Dès lors il importe aux cultivateurs d'étudier avec soin la nature de leur lait, afin d'en
tirer le meilleur parti possible.

Mais, en règle générale, il est toujours et dans tous les pays plus avantageux de nourrir au vert les vaches dont on peut vendre le lait.

Nous voici arrivés au moyen le plus difficile, le plus hasardeux pour les agriculteurs de tirer parti de leurs produits en les faisant consommer par leurs bœufs ; nous voulons dire celui de les engraisser, c'est-à-dire de les amener à l'état le plus avancé de l'organisme vivant, celui où l'animal ayant, par le repos et une bonne nourriture, entièrement complété le volume possible de sa chair et ne faisant plus aucune dépense de ses forces vitales par le travail ou même par l'exercice, presque tous les sucs assimilables se convertissent en graisse et vont remplir tous les tissus graisseux et tous les vides qu'ils peuvent trouver dans les diverses parties de son corps.

Dans l'état de nature, cet amas de graisse est une provision que l'animal semble faire dans les jours d'abondance pour les temps de disette. En effet, le corps des animaux consomme peu à peu en hiver cette graisse qu'ils ont amassée en automne. L'ours, dit-on, n'a pas d'autre nourriture pendant qu'il garde sa tannière; et sans doute la vie des loirs, des marmottes et autres animaux dormeurs s'entretient ainsi par une consommation intestine et lente durant leur long sommeil.

L'embonpoint graisseux auquel l'animal parvient naturellement étant l'état le plus avancé vers le but, l'état le plus riche et le plus puissant de l'organisme, évidemment il faut pour le produire de riches et puissants moyens. Mais quand on dépasse ce but, quand on fait, pour ainsi dire violence, à la nature pour la forcer à produire cette substance au-delà de toute mesure et pour amener l'animal à ce point de pléthore voisin de l'état maladif, on le comprend, il faut alors des moyens bien plus puissants encore, car les difficultés à surmonter s'augmentent dans ce cas sur tous les points, les sucs assimilables à cet état organique étant bien plus rares dans les aliments, et l'estomac ayant moins d'énergie et de force pour les extraire et les élaborer.

D'après ces considérations on peut avancer, nous le pensons du moins, avec la certitude de n'être pas sérieusement démenti, que jusqu'à présent, excepté dans les herbages privilégiés de certains pays, l'engraissement parfait des bœufs ne peut se considérer en France que comme un débouché fort peu avantageux des matières qu'ils absorbent. On échange ainsi à bas prix son grain et son foin contre de la graisse, et souvent l'on doit s'estimer fort heureux d'avoir pour bénéfice net le résidu de cette opération d'échange, le fumier.

Nous savons bien qu'on peut en dire autant du laitage et de la viande des jeunes animaux, qui souvent ne sont aussi que le produit d'un échange onéreux ; mais les vaches et les jeunes élèves pâturent dans les prairies naturelles et artificielles après la fauchaison , et même dans les champs après la récolte , et transforment ainsi en lait ou en viande une production du sol qui , sans eux , serait perdue , tandis que le bœuf engraissé à l'étable ou même à la pâture mange seulement des produits de première qualité dont la vente serait avantageuse et facile : il ne peut s'engraisser facilement qu'à l'aide d'une nourriture ayant une puissance alimentaire supérieure ; et , en définitive , l'on gagne rarement dans ce genre d'échange avec lui.

Dans tous les cas , on ne tentera l'engraissement des bœufs que lorsqu'on aura des herbes et des foins dont la qualité engraissante sera bien constatée. Ces herbes et ces foins seront toujours ceux des fonds gras où l'humus abonde naturellement , ou qui reçoivent les eaux des champs régulièrement et fortement fumés , ou bien ceux des prés moins heureusement situés mais fréquemment et abondamment engraissés avec des fumiers riches.

Voyez certaines *pâtures grasses* de la Flandre , où l'hectare engraisse annuellement trois bons bœufs et nourrit un poulain de l'herbe dédaignée par eux. Comment opèrent - elles ce miracle de production ? A l'aide d'une épaisse couche de fumier saturé de principes animaux , dont on les couvre tous les deux ans en outre des déjections de ces quatre machines à fumier qui n'en sortent ni le jour ni la nuit. Aussi on les appelle à juste titre *pâtures grasses ;* elles rendent avec usure la graisse qu'on leur prodigue.

Voilà le seul et vrai moyen de réussir : pour faire de la viande grasse, il faut de l'herbe grasse ; et de l'oubli de cette règle sont venus et viendront encore bien des fausses spéculations. Des bœufs mangeront à satiété d'excellents foins et se vautreront à plaisir dans l'herbe abondante de certaines prairies, sans pour cela s'engraisser : ils feront seulement du sang et de la viande. C'est que ces foins et ces herbes sont dépourvus de la puissance nutritive nécessaire pour produire de la graisse , parce qu'ils ne sont jamais fumés

directement avec d'excellents engrais animaux ,
et qu'ils reçoivent seulement le limon des
fleuves ou rivières où se trouve naturellement peu de principes assimilables à l'état de
graisse , état le plus avancé vers la perfection
de l'organisme animal.

L'herbe , comme tout autre chose dans la
nature , ne peut donner que ce qu'elle a.

De ce que nous venons de dire , on se
tromperait fort si l'on concluait que pour
rendre l'herbe d'un pré propre à engraisser
des bœufs il suffirait de le fumer amplement
une fois ; ce n'est pas ainsi que s'établit la
fertilité du sol. Sans nul doute, cette herbe
sera meilleure et plus nutritive après cette
fumure qu'avant; mais il faut du temps pour
constituer la fécondité réelle et permanente
d'un herbage comme celle d'un champ , ainsi
que nous l'avons dit plus haut dans cet
ouvrage. Les herbes s'engraissent comme
le bœuf , lentement et graduellement ; elles
sont comme lui maigres , demi - grasses ou
grasses.

Les maigres font vivre les animaux, et rien de plus ;

Les demi-grasses les entretiennent dans un bon état de santé et de vigueur ;

Les grasses augmentent leurs forces ou les engraissent.

Toujours la même loi naturelle, la production des semblables par les semblables.

C'est donc seulement avec les herbes de prairies parvenues elles-mêmes à cet état de pléthore graisseuse, soit naturellement, soit par des fumures régulièrement successives, que l'on peut amener les animaux à ce même point de pléthore des tissus graisseux. Il faut, en un mot, le plus haut degré de perfection organique végétale pour produire le plus haut degré de perfection de l'organisme animal, puisque, ainsi que nous l'avons expliqué, ces deux organismes ne sont qu'une seule et même chose sous une forme différente.

Nous croyons en avoir dit assez pour éviter aux cultivateurs désireux de réussir dans la spéculation de l'engraissement des bœufs, bien des dépenses inutiles et par conséquent bien des pertes fâcheuses.

Ils ne tenteront l'engrais des bœufs que lorsqu'ils auront des herbes et des foins capables d'engraisser, et surtout lorsqu'ils pourront joindre à cette nourriture herbacée des substances encore plus avancées vers la perfection organique, c'est-à-dire des grains, de préférence ceux des céréales, et surtout des tourteaux ou marcs de graines oléagineuses.

Les cultivateurs trouveront dans les traités spéciaux les divers moyens pour diriger, faciliter et accélérer l'engraissement des bœufs. Nous n'avons donc pas à nous en occuper ; seulement nous dirons que, d'après les principes écrits dans cet ouvrage, le repos absolu et une température chaude dans les étables nous paraissent indispensables.

L'exercice tend à diminuer la pléthore par la dépense de force qu'il exige, et la chaleur prédispose l'animal à l'engraissement en détendant ses fibres et en amollissant ses tissus.

D'ailleurs, sous l'influence de la chaleur extérieure, l'assimilation des aliments est plus facile et plus complète; il s'en *brûle* moins pour entretenir la chaleur intérieure, et par conséquent une plus grande quantité est utilement convertie en substances organiques, au lieu de l'être en calorique.

Car les matières absorbées et élaborées par l'estomac des animaux ne servent pas seulement à la formation et à l'entretien de leur être matériel par l'assimilation ; une partie, par sa combinaison avec l'oxigène de l'air et l'hydrogène de l'eau, sert d'aliment au feu vital dont la chaleur entretient les fonctions de la machine organisée.

D'après l'immuable loi de l'association obligée des quatre éléments capitaux dans l'œuvre de l'organisme et de leur concours nécessaire dans toutes les fonctions des êtres animés, loi dont nous avons démontré l'éternelle toute puissance, on doit penser que

les parties des aliments qui, combinées avec
l'*air* et l'*eau*, se brûlent ainsi pour alimenter
le feu ou la chaleur vitale, sont principalement des parties purement *terreuses*, c'est-
à-dire appartenant à la constitution élémentaire et primitive du globe terrestre.

Mais arrêtons-nous encore une fois et ren-
trons dans notre cercle ; bornons-nous à constater les effets sans risquer de nous égarer
à la recherche des causes.

Pour activer la digestion et par conséquent
l'assimilation des substances, on donnera
chaque jour aux bœufs à l'engrais une ration
de sel. On trouvera dans les traités spéciaux
des instructions sur l'emploi de ce condiment des substances alimentaires, condiment
aussi salutaire, et dans le cas dont il s'agit
on peut bien dire aussi indispensable pour
les ruminants qu'il l'est habituellement pour
l'homme. Le sel, en donnant du ton à l'estomac pléthorique et blasé des animaux déjà
gras, aide la digestion et facilite une
plus grande assimilation des principes ana-

logues à la substance qu'il s'agit de produire.

Renouvelons donc ici le vœu par nous émis, ou de la diminution de l'impôt sur le sel, ou de l'emploi d'un moyen qui en permette l'usage à l'agriculture en le dénaturant et le rendant impropre à la nourriture de l'homme. On concilierait ainsi les intérêts du trésor avec ceux de l'agriculture, qui sont bien aussi ceux du trésor.

N'est-ce pas elle qui, par mille canaux différents, verse sans relâche d'immenses richesses dans les coffres de l'état, ces véritables tonneaux des Danaïdes.

Nous l'avons souvent pensé, c'est aux sueurs de la classe agricole que cette fable fait allusion.

Nous ne quitterons pas le chapitre des bêtes bovines sans parler de la question si importante de l'amélioration des races.

L'anglomanie n'est pas morte en France, bien loin de là, aussi les bœufs de l'Angleterre ont la vogue maintenant comme ses chevaux. La race de Durham est à l'ordre du jour; elle fait fureur; on veut partout des durham, c'est-à-dire qu'on veut renouveler pour les bœufs les déplorables folies qui ont perdu nos belles races de chevaux français. Pour beaucoup de gens, en France,

Rien n'est beau que *l'anglais*, *l'anglais* seul est aimable.

Ce n'est pas très-patriotique; si seulement c'était profitable....

Nous avons dit aux éleveurs: si vous voulez absolument faire des chevaux arabes, transportez en France le ciel et le sol de l'Arabie. Nous leur dirons : par la même raison, s'il vous faut absolument et partout des bœufs anglais, transportez en France la terre et le climat de la Grande-Bretagne.

La nature est plus sage que vous, elle fait l'animal selon le pays, et n'impose ni le pays à l'animal, ni l'animal au pays.

Eclairé par l'étude de ses lois, tous les hommes sensés savent aussi qu'une semblable tentative est toujours en pure perte, et que dès qu'on cesse de soutenir contre elle cette folle gageure par des dépenses considérables, l'animal redevient aussitôt selon le pays.

Le type bœuf est *un* dans la nature, comme le type cheval, comme lui aussi il s'est modifié suivant les contrées, et a varié avec les circonstances locales.

Cela se comprend aisément, d'après les principes écrits dans ce livre : évidemment des causes diverses et changeantes ont dû produire des effets également divers et changeants.

Les circonstances locales variant peu tant que l'homme n'aide pas à leur modification, les animaux, toujours soumis à ces mêmes circonstances, ont dû prendre une forme et des proportions exactement et habituellement semblables ; à cette conformité est encore venue en aide la transmission continue du même sang sans mélange.

Ainsi se sont formées, maintenues et perpétuées les races locales.

Nécessairement, pour tenter de changer

ces races avec avantage et succès, il faut commencer par changer les circonstances qui les ont produites et qui les maintiennent.

La France a d'excellentes et de très-belles espèces de bêtes à cornes.

La taille et la force de ces animaux sont naturellement appropriées aux besoins des localités et proportionnées à la puissance nutritive du sol sur lequel ils ont pris naissance.

Que peut-il y avoir de commun, pendant long-temps encore, entre la plupart de ces races moyennes, robustes, sobres, rustiques et destinées à passer les trois quarts de leur vie sous le pénible joug du labeur, et cette race artificiellement monstrueuse dont les Anglais, à force d'or et de patience, sont parvenus à diminuer la charpente osseuse, à effiler les muscles, à arrondir les formes, à augmenter les parties charnues, à changer enfin la chair en graisse aux dépens de sa force, de sa légèreté, de sa fécondité et de sa vitalité même ?

Ces animaux délicats, lourds, paresseux

et gros mangeurs, conviennent parfaitement
dans un pays où le bœuf ne laboure pas,
où la viande est le principal aliment de la
population et où l'agriculture perfectionnée
leur fournit en abondance de puissants moyens
d'assimilation.

Mais en France, où le bœuf travaille long-
temps avant d'aller à l'abattoir; en France
où, dans les pays avancés, l'agriculture trouve
pour ses denrées un emploi plus avantageux
que de les convertir en viande de bœuf; en
France où, dans les contrées arriérées encore si nombreuses, les bœufs et les vaches
défendent péniblement pendant l'hiver leur
vie contre la misère et la faim; en France
enfin, où les trois quarts de la population
vivent habituellement de pain et de légumes,
qu'avons-nous à faire, je le répète, de la
race durham?

N'aurions-nous pas à regretter amèrement
un jour d'avoir mêlé ce sang anglais, délicat
et mou, au sang vif et rustique de nos races
indigènes?

La pléthore graisseuse habituelle est, comme nous l'avons dit, voisine de l'état maladif ; elle ne peut s'obtenir qu'en dérangeant l'harmonie de l'organisme, et par conséquent aux dépens des autres qualités de l'animal. Aussi, dans tous les êtres vivants, l'embonpoint excessif annule ou diminue la vigueur, la vivacité, la vitesse et même la fécondité. C'est là une loi naturelle que l'art et la persévérance britanniques n'ont pu ni violer ni même éluder : le bœuf durham en est au contraire une puissante sanction. En effet, malgré tout ce que peuvent dire ses admirateurs et ses prôneurs *quand même*, cette race est molle, paresseuse et surtout inféconde.

Dans les pays où les bœufs ne s'élèvent que pour l'étal du boucher, là où les herbes sont grasses, succulentes et tous les autres produits abondants et puissants en sucs nutritifs, on peut, on doit même, nous le reconnaissons, croiser cette race de boucherie avec les races locales, elle leur communiquera son heureuse disposition à s'engraisser jeune et promptement quand elle est suffisamment nourrie : c'est bien quelque chose. Et loin de faire ici une opposition systématique à tout ce qui vient d'outre - mer, après avoir dit : pour avoir des chevaux fins , bien faits , ardents et infatigables, il faut aller puiser à la source du sang pur arabe , parce que le cheval d'Arabie est le type le plus parfait de sa race ; nous dirons , conséquent avec nos principes , aux cultivateurs placés dans ces heureuses localités : Pour améliorer promptement vos races de bêtes à cornes *uniquement destinées à l'engraissement*, mêlez à leur sang le sang durham ; vous franchirez ainsi presque d'un seul bond la distance que les Anglais ont mis un siècle à parcourir pas à pas.

Mais partout ailleurs , partout où les bœufs sont destinés au joug ; partout où les herbes sont courtes et rares , et même partout où les pâturages sont d'une qualité médiocre et où l'agriculture ne peut pas fournir une masse suffisante de foin , de racines , de grains et de tourteaux à la crèche de ces animaux délicats et gloutons en même temps, pour Dieu gardez-vous-en, agriculteurs, comme d'une peste maligne. Vous les acheterez au poids de l'or, ils vous coûteront ensuite énormement pour les entretenir tant bien que mal dans une espèce de langueur morale et physique ; ils vous donneront des produits bizarres ou baroques ; enfin un beau jour, de guerre lasse, surmontant un dernier sentiment de fausse honte, vous les vendrez à vil prix au boucher qui, triomphant et narquois, vous dira d'un certain air : Je l'avais bien prévu ; il n'y a rien de tel que les bêtes du pays.... Et s'en allant, criera à tous les passants : Les voilà donc, ces fameux anglais de cent louis.... les voilà.... à six sous la livre.... à six sous !....

Nous le répétons et le répéterons sans cesse : améliorons nos races en même temps que notre agriculture, mais gardons-nous de mettre la charrue avant les bœufs, en essayant d'introduire les races riches dans les pays pauvres Commençons par augmenter la richesse du pays , les races s'enrichiront d'elles-mêmes avec lui.

La France a de très - beaux types de bêtes à cornes , types au moins égaux et peut-être même supérieurs à celui dont les Anglais ont tiré la race durham.

Ne serait-il pas plus naturel, plus profitable et surtout plus satisfaisant pour l'amour-propre national de les améliorer, d'en faire des races françaises capables de soutenir la comparaison avec celles de la Grande - Bretagne , plutôt que d'aller lui demander le chapeau bas et la bourse à la main , les rebuts de ses races perfectionnées , rebuts qui, désorientés, déclimatés, ne se soutiennent chez nous que par des sacrifices très-onéreux ?

Par ce moyen d'amélioration de nos races elles - mêmes, les progrès seront plus sans doute et les succès plus tardifs, ils seront plus sûrs et plus durables. Il ra rien de forcé, de prématuré, d'ar- lans ce perfectionnement d'espèces pro-

près au pays, acclimatées, et depuis long-
temps le résultat naturel des circonstances
locales.

Ces circonstances s'améliorant et l'échelle
des produits agricoles grandissant, les races
s'amélioreront et leur échelle grandira de
même et en même temps.

Croyez-nous donc, cultivateurs, qui pouvez
déjà par une culture améliorée et plus productive augmenter la masse des substances
destinées à être transformées dans vos exploitations en viande de bœuf, appliquez cette
augmentation de richesses agricoles aux plus
beaux animaux de la race de votre pays ou
du pays le plus voisin et le plus semblable
au vôtre.

En faisant un choix judicieux et raisonné
des animaux reproducteurs, en étudiant avec
soin les moyens de tirer parti des similitudes
et des différences existant dans leur conforma-
tion respective, et surtout en vous appliquant
à effacer graduellement les défauts naturels
de ces races en leur opposant les qualités et

même au besoin les défauts contraires, vous obtiendrez promptement un succès satisfaisant et durable.

Outre la perte réelle résultant pour notre pays de ce fâcheux échange d'une valeur métallique inaltérable contre une valeur organique éphémère et périssable, il y a dans cet hommage continuel et pour ainsi dire obligé que nous rendons à la supériorité agricole de la Grande-Bretagne, quelque chose qui blesse profondément la fierté nationale.

Agriculteurs de la France, quand donc démontrerons-nous clairement à nos voisins d'outre Manche que notre pays n'aurait rien à envier au leur en agriculture si, comme eux, nous savions utiliser nos avantages et nos trésors naturels; si, comme eux surtout, nous savions faire à propos des sacrifices présents pour des bénéfices futurs?

Nous ne dirons rien de l'exploitation du laitage, on trouve dans les traités d'agriculture tous les détails désirables sur cette industrie, une des principales de l'agriculture.

Faisons seulement observer en passant que le lait, comme toutes les autres substances, est plus abondamment produit par le genre d'aliments qui contient le plus de principes analogues à sa nature. Il importe donc d'étudier et de favoriser autant que possible cette assimilation des substances similaires pour le lait, comme pour la viande, la graisse, etc.

Cependant le produit en lait dépend plus peut-être que tout autre des dispositions particulières et naturelles de l'animal. Les vaches sont réellement meilleures ou plus mauvaises laitières les unes que les autres; car la nature et l'abondance de la nourriture ne changent rien à cette différence entre elles sous ce rapport.

Ainsi, de deux vaches de même taille également bien nourries et bien portantes, l'une donnera plus de lait que l'autre, mais aussi celle-ci fera plus de viande et de graisse. Cependant il arrive souvent que le changement de nourriture fait aussi varier chez elles la proportion de chaque genre de produit :

cela se conçoit aisément, puisque ces aliments nouveaux, contenant des principes différents, doivent naturellement avoir sur l'économie organique de chacune d'elles une influence différente.

Aussi, quand il s'agit des animaux et de leurs produits, il est impossible d'appliquer des règles générales, chacun d'eux ayant sa nature, sa santé et ses goûts particuliers.

Un cultivateur de la Bretagne, M. Guesdon, a publié une instruction pour reconnaître la puissance laitière des vaches par la grandeur et le développement de certains vaisseaux de leurs corps. Cette méthode est bonne, dit-on, et peut-être très-utile, mais elle est loin d'être infaillible, comme tout ce qui se rattache à des observations physiologiques.

Cependant nous engageons nos lecteurs qui s'occupent de l'industrie du lait à la prendre en considération.

BÊTES OVINES.

Le mouton (nom générique sous lequel nous comprendrons toute la race ovine) , est un animal doublement utile pour l'agriculture : non seulement il lui fournit un moyen avantageux d'échange de ses produits contre une viande excellente, saine et généralement estimée, tout en lui donnant des engrais dont la puissance azotée les place au premier rang; mais il lui fournit encore la laine, cette matière de première nécessité pour l'homme. A ces trois précieux dons, sa chair, sa laine et son fumier, le mouton doit l'espèce de suprématie qu'il exerce presque partout sur les animaux domestiques des exploitations rurales.

Il possède encore sur eux un bien grand avantage, celui de pouvoir être facilement *parqué* sur les terres dans une enceinte de claies. Cette excellente méthode, fournissant les moyens d'économiser les litières et les transports d'engrais aux champs, est cependant encore peu répandue, tant les meilleures choses ont de peine à prévaloir sur les préjugés et sur les habitudes locales.

En outre, le mouton peut trouver sa nourriture en mille endroits où les lèvres épaisses et les dents longues des chevaux et des vaches leur interdisent le pâturage. Il est donc un animal extrêmement précieux pour l'agriculture, surtout dans les pays maigres, secs et peu avancés dans l'échelle agricole.

Dans ces localités arides et infertiles, il est le seul moyen d'utiliser les faibles produits du sol dans les pâtures et même dans les champs, où l'herbe courte et rare se refuse à la faux et à la dent des gros animaux.

Les moutons empruntent ainsi annuellement au sol pour la transformer en chair, en laine et en engrais une incalculable quantité de matière végétale, et nous transmettent sans aucuns frais, ces immenses richesses qu'eux seuls peuvent réaliser et qui sans eux seraient entièrement perdues.

Tout ce que nous avons dit du bœuf s'applique parfaitement au mouton. Toujours et partout les mêmes principes et les mêmes lois d'assimilation organique et d'influence élémentaire. Sa taille et sa saveur varie suivant les localités, c'est-à-dire avec la nature du sol et des herbages.

Il est petit et sa chair est ferme et savoureuse quand il se nourrit d'herbes aromatiques, courtes et mûres.

Il est de grande taille et sa chair est molle et fade quand il pâture dans des herbages abondants, aqueux, tendres et sans saveur.

La qualité de sa laine participe aussi d'une manière directe et très-marquée de la nature de ses aliments. Et cela doit être ; la laine est aussi un être organique qui se forme par par l'assimilation des principes analogues absorbés par l'animal, et élaborés par l'estomac, qui les lui fournit tout préparés comme la terre fournit les principes assimilables tout élaborés aux plantes.

Comme les cheveux des hommes, les poils et les crins des animaux et les plumes des oiseaux, la laine est une végétation animale qui se forme et se nourrit comme la végétation terrestre. Les mêmes principes et les mêmes règles leur sont également applicables.

Nous l'avons vu plus haut dans cet ouvrage, la nature et la qualité du blé changent avec celles de la terre où on le sème.

Il est plus fin, plus tendre et plus blanc dans les terrains secs, crayeux, calcaires ou siliceux peu ou point fumés, mais longuement reposés

Il est moins blanc, plus gros et plus vitreux dans les terres fortes, humides, abondamment fumées et n'ayant jamais ou presque jamais de repos que par les prairies artificielles.

Eh bien, la même différence dans les terrains amène la même différence dans la laine.

Elle est ordinairement plus fine, plus soyeuse et plus blanche dans les premières espèces de sols dont nous venons de parler ; plus grosse, plus dure et moins blanche dans les secondes.

Nous avons dit aussi que le blé changeait de nature avec la terre ; il en est de même de la laine : elle devient plus grosse ou plus fine dans un même troupeau, suivant qu'on le transporte dans des pays et sur des terrains différents.

Seulement cette modification est plus longue à s'opérer que celle du blé, et cela se conçoit : il faut moins de temps pour que les principes modificateurs du sol agissent sur la végétation terrestre que sur la végétation animale, puisque pour celle-ci la transmission est indirecte et médiate, tandis que pour la première elle est directe et immédiate.

On le conçoit, du reste, la nature de la laine, comme celle de toutes les productions végétales et animales, doit varier non seulement dans les deux espèces si différentes de terrain que nous avons citées comme exemple, mais encore dans toutes les localités dont le sol et le climat ne sont pas absolument identiques.

L'expérience, du reste, vient sanctionner cette règle. La qualité de la laine change réellement et les acheteurs le savent bien , non seulement de canton à canton , mais même de ferme à ferme , suivant les différents genres de sols de ces fermes.

C'est là une conséquence inévitable des principes naturels ; et, remarquons - le en passant, bien que ce ne soit pas le sujet dont nous sommes occupés, cette influence du sol sur la nature des diverses productions agit aussi sur le lait, d'une manière bien remarquable et bien connue des bouchers de Paris , dans les pays où l'on fait les veaux de lait, *les veaux de Pontoise* pour la capitale. Dans ces cantons où l'on nourrit ces jeunes animaux de lait *à discrétion* jusqu'à l'âge de deux ou trois mois , souvent dans deux fermes à une demi-lieue de distance ,

on fait dans l'une des veaux dont la chair est
très-fine et très-blanche, et dans l'autre on
ne peut jamais atteindre ni la même blancheur, ni la même finesse, bien que les
veaux y soient également nourris entièrement
avec du lait pur. On a beau faire, il y a
toujours une différence, parce que la nature
des terres est différente ; et, comme pour
le blé et la laine, la finesse et la blancheur
viennent des sols plus siliceux et moins fertiles où les herbes ont des sucs plus naturels, moins artificiels, c'est-à-dire où les
terres sont moins abondamment, moins ri-
chement fumées et se reposent plus souvent.

Il y aurait à ce sujet une étude tout entière à faire sur cet intime rapport entre la
nature du sol et celle de ses produits.

En voyant les terrains les plus abandonnés
à la nature, les moins tourmentés et violentés
par l'homme, donner des produits plus essentiels et d'une qualité organique réellement
supérieure, ne pourrait-on pas se demander,
en raisonnant par analogie, si le perfection-

nement de l'agriculture, l'augmentation des engrais et des irrigations artificielles, en tendant de plus en plus à *dénaturer* les produits de la terre en altérant leur essence organique et en modifiant leurs vertus nutritives, n'aura pas pour résultat, lent et graduel mais inévitable, l'embonpoint général et par conséquent l'affaiblissement des facultés morales et physiques de tous les êtres.

Sans aucun doute, l'engraissement et l'humidité excessifs et contre nature, la pléthore habituelle du sol, amenant par l'immuable loi de l'assimilation, l'amollissement des fibres et l'embonpoint habituel des corps organiques en leur fournissant des matières assimilables plus substantielles, plus molles et plus aqueuses, cette pléthore animale, résultat de la pléthore végétale, devra produire sur l'économie de tous les êtres vivants les fâcheux effets ordinairement produits sur l'organisme par un excessif embonpoint, c'est-à-dire l'affaiblissement des forces physiques et l'engourdissement des facultés morales?

Il doit y avoir dans tous les êtres animés un équilibre naturel entre les éléments matériels, le corps, et les fluides vitaux, l'esprit ou l'instinct et le mouvement : évidemment tout ce qui tend à augmenter outre mesure la somme de la matière, tend à affaiblir l'esprit, l'instinct et le mouvement en détruisant cet équilibre indispensable aux parfaites fonctions de la machine.

Mais arrêtons-nous, nous serions entraîné trop loin par ce sujet ; d'ailleurs ce danger, s'il est réel, est encore si éloigné de nous, qu'il ne doit pas nous empêcher de poursuivre avec énergie et constance l'amélioration de l'agriculture.

Avant de craindre la pléthore générale, il faut soulager la misère et établir le bien-être des trois cinquièmes au moins de la population humaine et animale de la terre de France.

On le voit, nous avons bien du chemin à faire encore, avant d'avoir à redouter pour nous l'excessif embonpoint de la terre et des animaux : nous en sommes encore à cet égard presque partout à l'excessive maigreur.

Mais revenons à nos moutons.

Tout ce que nous avons dit pour le bœuf sous le rapport de la grandeur et de l'amélioration des races s'applique également au mouton. Ce sont des règles immuables, universelles.

Ainsi, races appropriées au pays ; amélioration des races indigènes préférable à l'importation des races étrangères, partout où les progrès de l'agriculture ne permettent pas de leur donner une nourriture en rapport avec les besoins plus grands de leur organisation plus perfectionnée.

Pour l'engraissement, les mêmes principes et les mêmes règles.

On doit le tenter seulement dans les lieux où les herbes ont les qualités requises, la *force* nécessaire ; partout ailleurs il vaut mieux élever des agneaux.

Et à ce sujet nous citerons un fait qui nous est personnel, et qui prouve toute la vérité

des principes par nous émis, l'assimilation
et la transmission des divers principes organiques, dans les deux règnes.

Nous avions, une année au mois de mars,
fumé très-fortement avec du fumier très-riche
de bergerie un champ fort étendu, destiné à
porter des pommes de terre. Un motif qu'il
est inutile d'expliquer, ayant changé notre
détermination, nous fîmes enfouir ce fumier
et semer à la herse des grenailles pour former une pâture temporaire pour les moutons. Le mois d'avril ayant été assez pluvieux, les plantes semées se développèrent
avec un luxe de végétation étonnant, leur
verdure était noirâtre, et les moutons conduits sur ce champ s'y engraissèrent avec
une rapidité sans exemple. Ces herbes, saturées d'azote, leur transmirent immédiatement les principes organiques très-avancés
dont elles s'étaient rassasiées. Nous recommandons cette observation aux méditations
des agriculteurs.

Nous ferons remarquer aussi que le sel est

encore plus nécessaire aux moutons qu'aux bœufs. Cet animal, originaire des pays chauds, redoute beaucoup l'humidité de l'herbe et surtout celle de la rosée; elle lui est souvent mortelle en favorisant le développement d'un insecte parasite interne qui lui attaque le foie et autres viscères. Le sel, joint à la précaution de ne jamais laisser aller les moutons à jeun aux champs, est le meilleur préservatif contre cette terrible maladie connue sous le nom de pourriture, ou cachexie aqueuse.

PORCS.

Nous ne dirons rien de cette espèce d'animaux si utile. Tous les principes généraux et toutes les règles posés ci-dessus s'appliquent également à l'éducation et à l'engraissement des porcs.

HYGIÈNE DES ANIMAUX.

Nous allons maintenant nous occuper de l'hygiène des animaux domestiques, c'est-à-dire des moyens de les entretenir en bonne santé.

Nous n'avons pas voulu écrire un traité d'agriculture pratique, à plus forte raison n'avons-nous pas la prétention de faire un traité sur l'art vétérinaire. Nous voulons étendre nos principes à l'hygiène des animaux, parce que ces principes fondamentaux s'appliquent à toute l'existence organique sur la terre.

La vie organique est temporaire dans le système du monde ; elle est le résultat d'une phase terrestre et l'œuvre d'une combinaison élémentaire ordonnée par une volonté toute-puissante.

Mais les éléments en coopérant à l'œuvre de l'organisme tendent toujours à resaisir les principes qu'ils lui ont prêtés; et tout en servant forcément à entretenir leur existence, ils font sans relâche à tous les êtres vivants une guerre acharnée.

Les maladies et la mort sont le résultat de cette éternelle tentative de la destruction de l'organisme par les éléments, et surtout par l'air, le plus acharné de tous, comme ayant le plus de reprises à faire.

C'est l'air qui use peu à peu par le frottement les corps dont il entretient la vie; c'est encore lui qui, par de brusques transitions, donne naissance à presque tous les maux qui causent la mort ou la désorganisation avant le temps.

L'éternelle antipathie de l'eau et du feu est aussi la cause, par les violents assauts qu'elle fait subir à l'organisme, d'un grand nombre de maladies que l'on nomme inflammatoires.

Enfin, quand par ces différents assauts les éléments ont préparé la désorganisation, les parasites viennent l'aider et la hâter.

Toutes les maladies, soit inflammatoires, soit chroniques, annoncent donc la présence des parasites *vivants* ou *végétants*, et sont le résultat de leur invasion.

Les vers de l'estomac et des intestins, les divers genres d'hydatides et d'acarides connus ou inconnus, sont les parasites vivants des animaux domestiques. Ils occasionnent un grand nombre de maladies, dont les principales sont la cachexie aqueuse ou la pourriture des moutons, la ladrerie des porcs, la gale et le vertigo chez plusieurs espèces.

Les tumeurs et les lésions inflammatoires, les cancers, les abcès, la carie des os et des dents, les tubercules du poumon, etc., sont des parasites végétants.

Les maladies sont donc aussi des êtres ayant leur naissance, leur vie et leur fin, et dont l'existence est régie par les mêmes lois et suit les mêmes phases que celle de tous les êtres organiques dans l'univers.

L'invasion des divers parasites est toujours aussi le résultat de l'éternel assaut que livrent en tous lieux et sur tous les points les éléments à l'organisme. Quand la chaleur, ou le feu, domine momentanément dans un animal, par suite d'un exercice violent ou par tout autre cause, s'il vient à être subitement frappé de froid par l'air ou par l'eau, la machine organique reçoit une violente atteinte de ce choc des éléments. Une inflammation accompagnée de *rougeur* se manifeste sur un point faible ou prédisposé; c'est le germe du parasite. Si l'on n'y porte pas un prompt remède, cette *rougeur* fait des progrès; elle jette dans les tissus organiques ses *filaments*, ses *racines*, et les désorganise peu à peu. Si les remèdes sont impuissants le parasite continue ses ravages en accomplissant les diverses phases de son existence, et soit en dissolvant les viscères, soit en les obstruant, il porte la perturbation dans le mécanisme général, détruit l'économie de la vie et amène la mort.

De même, un air chargé de miasmes malsains, une nourriture trop aqueuse ou tout

autre cause élémentaire, en amenant le relâ-
chement des tissus, favorise l'invasion des
hydatides vésiculeuses qui causent la ladrerie des porcs, la cachexie ou pourriture des
moutons, maladies presque toujours mortelles.

Ainsi la maladie, c'est l'invasion des parasites sur l'animal au dépens duquel ils vivent
en opérant et hâtant sa désorganisation par-
tielle ou générale. L'hygiène, c'est la science
de s'opposer à leur invasion, et, quand elle
a eu lieu, de les détruire ou de diminuer et
ralentir leurs ravages.

Les parasites du règne animal, comme
ceux du règne végétal, vivent de la propre
substance de l'être qu'ils ont attaqué; leur
vie est par conséquent identique, inhérente
à la sienne; mais comme ils diffèrent entre
eux de nature, ils s'assimilent aussi des principes organiques différents. L'art doit donc rechercher quels sont les sucs dont s'entretient
chaque genre de ces parasites et les attaquer
par la famine, en diminuant, en modifiant

ou dénaturant dans l'animal ces sucs dont ils se nourrissent, soit par la diète ou la saignée qui affaiblissent les parasites comme l'animal, soit par des remèdes qui, en pénétrant et s'infiltrant dans tous les vaisseaux, changent la nature des sucs dont ils vivent, soit enfin par le fer ou le feu en les séparant violemment de l'être qu'ils dévorent, ou bien en coupant ou corrodant les conduits qui leur portent leur nourriture.

L'indication et l'application de ces remèdes sont du domaine de la médecine et de la chirurgie vétérinaires, et par conséquent sortent du cercle de cet ouvrage ; mais nous avons voulu seulement, en posant brièvement ces principes, suivre jusque dans ces derniers corollaires cette proposition dont nous avons soutenu la démonstration : que, dans l'organisme, tout se tient et s'enchaine, et que les êtres agissants, quels qu'ils soient, sont tous régis par les mêmes lois, observent les mêmes règles et parcourent tous les mêmes phases dans leur vie. Les maladies, comme tous les êtres, naissent d'un germe qui, se développant et vivant aux dépens d'un autre être, l'épuise et cause son dépérissement et sa mort si l'on n'y porte remède, soit en le détruisant, soit en aidant cet être à le supporter et à le nourrir : c'est là le but de la science de l'hygiène des animaux.

Dès-lors et par une conséquence forcée de cette incontestable similitude, tous les principes généraux et toutes les règles que nous avons appliqués à l'hygiène de la terre, considérée comme un être agissant, s'appliquent également à l'hygiène des animaux.

Le premier et le plus important de ces principes est celui qui apprend qu'il est plus facile de prévenir le mal que de le détruire.

Par conséquent, le cultivateur devra s'attacher surtout à conserver ses bestiaux en bonne santé; et pour y parvenir, il aura soin de leur donner toujours une nourriture saine et suffisante et de les tenir dans le plus grand état de propreté possible ; car rien ne prédispose les animaux, comme tous les autres êtres, aux injures des éléments et à l'invasion des parasites comme la faiblesse et la malpropreté.

Il veillera donc attentivement à ce que leurs écuries et leurs étables soient aérées et exemptes d'humidité ;

Il les fera étriller et panser avec le plus grand soin ;

Enfin il évitera surtout pour eux le choc des éléments, c'est-à-dire les brusques transitions du chaud au froid humide ou sec.

Il leur donnera une nourriture appropriée à leur état hygiénique.

Sèche et tonique à ceux chez lesquels l'eau prédomine, dont le tempérament est lymphatique et dont les tissus et les fibres sont momentanément relâchés.

Aqueuse et rafraîchissante, à ceux chez lesquels les dispositions inflammatoires s'annoncent par la vivacité extraordinaire, l'abondance du sang, la sécheresse ou la rareté des sécrétions.

Quand il craindra pour ses moutons l'invasion des hydatides du foie , la cachexie aqueuse, il fera bien d'ajouter un peu de sel à la nourriture sèche qu'il leur donnera.

Quand, malgré ses précautions , l'invasion des parasites aura lieu et les maladies se déclareront, alors il appellera le plus tôt possible les hommes de l'art.

HYGIÈNE DES PLANTES.

Tout ce que nous venons de dire pour les animaux peut s'appliquer aux plantes d'une manière générale , mais cependant avec quelques modifications relatives à leur constitution.

Malgré ce qu'ont pu dire à ce sujet des hommes recommandables dans la science (1)

(1) Humbolt nous apprend , dans ses *Aphorismes* , que le physicien Brugmans , dans un essai sur l'ivraie vivace , a démontré par des preuves irrécusables que les plantes se débarrassent des résidus impurs par excrétion , comme les animaux. *Plantas more animalium , cacare primus exploravit ris indefessus Brugmans.*

nous croyons qu'il est bien démontré que les plantes n'ont aucun appareil de digestion, de respiration, de circulation du sang et d'excrétion. Dès-lors elles sont exemptes des nombreuses maladies occasionnées par les dérangements et les lésions de ces divers appareils dans les animaux. Cependant elles sont sujettes à celles provenant de diverses altérations des substances qu'elles absorbent dans les sucs élaborés par la terre : voilà pourquoi nous avons dit que de la santé de la terre dépendait directement celle des végétaux, comme celle des animaux dépend principalement de l'état de leur estomac.

Du reste les maladies des plantes ont les mêmes causes que celles des animaux ; mais comme leur organisme est plus simple, moins compliqué et par conséquent moins facilement altérable, les éléments ont moins de prise sur elles.

Cependant elles éprouvent des lésions organiques assez graves et quelquefois fort dangereuses par l'effet de la gelée et des coups de soleil , qui non seulement désorganisent les tissus de leur parenchyme , mais même font fendre l'écorce des arbres et occasionnent des épanchements de gomme et des pertes de sève fort nuisibles à leur santé.

Les autres maladies des plantes sont encore comme celles des animaux dues à l'invasion des parasites. La rouille , le charbon , la carie , les chancres, les loupes , les mousses , les lichens, le gui, etc., en sont les parasites végétants.

Les charançons, les alucites et mille insectes divers, qui vivent dans leurs tiges, sur leurs feuilles ou dans leurs graines , en sont les parasites animés.

On le voit , toujours les mêmes lois , les mêmes chances et la même fin pour tous les êtres dans l'univers.

A peine l'organisation est commencée, et déjà des tentatives de désorganisation ont lieu et se poursuivent sans relâche pendant toute la vie. Ce sont les éléments qui , tout en coopérant forcément à la formation et à l'entretien de l'organisme, tendent sans cesse et de concert à sa destruction prompte et violente, et concourent continuellement à sa désorganisation lente et graduelle.

Nous ne dirons rien sur les maladies des plantes et des grains, et les remèdes à leur opposer; on trouve toutes les instructions nécessaires à cet égard dans les bons ouvrages d'agriculture.

CONCLUSION GÉOLOGIQUE.

Ainsi, la vie organique est seulement de passage sur le globe terrestre ; elle est l'effet d'une des phases de l'extinction de l'astre de la terre, et du refroidissement et de la décomposition de sa surface.

Cette phase est celle de l'invasion des parasites végétant et vivant aux dépens de l'astre qui s'éteint, comme de tous les êtres dont la vie s'use et s'affaiblit.

Quand la surface du globe a été assez re-

froidie pour recevoir et nourrir l'organisme,
les germes des végétaux jetés par la main
du créateur dans le sein de la terre se sont
développés, organisés et nourris des principes
vivifiques qu'elle empruntait pour eux à l'air
et à l'eau, avec l'aide du feu ou de la chaleur.

La terre et le feu, éléments neutres, sou-
tirent donc et solidifient sans relâche, par
l'intermédiaire de la végétation, les principes
de la vie que tiennent en réserve l'air et
l'eau, éléments féconds.

Ainsi combinés, élaborés et matérialisés,
ces principes servent à la formation et à
l'entretien de l'organisme animal qui les absorbe et les transforme en sa propre substance.

Ces principes vivifiques, empruntés à l'air
et à l'eau, puis solidifiés et organisés par la
terre et le feu, ont aussi formé peu à peu
la fertilité de la croûte terrestre, où ils se
sont accumulés et mélangés graduellement
par la décomposition des êtres organiques.

Mais cette féconde union des éléments et leur concours à l'œuvre de la vie terrestre ne sont pas volontaires, ils ne sont pas même soumis à des lois immuables, ils sont l'effet d'une cause changeante et périssable : le règne végétal est le lien qui les unit entre eux dans ce même but et qui les oblige à contribuer chacun pour leur part à l'œuvre commune. Quand ce lien se relâche ce concours se ralentit ; s'il venait à se rompre entièrement, les éléments se désuniraient à l'instant même, ils reprendraient chacun leur apport social et se concentreraient dans leur stérile isolement.

L'importance de cet emprunt forcé, fait par la vie organique aux sources élémentaires, est donc en raison directe de l'importance du règne végétal sur la terre, puisque la végétation est en même temps le moyen et le résultat de cet emprunt.

Par conséquent la production de la matière végétale, d'où procède la matière animale, est la mesure de la production de la vie sur la terre, par la combinaison et l'organisation des principes vivifiques disséminés dans les éléments.

Ainsi la végétation est l'anneau capital de cette puissante chaîne de l'organisme sur la terre, chaîne qui, seule, maintient forcément l'harmonie féconde et l'union vivifiante des éléments.

Plus il y a de végétaux sur le globe, plus s'opère activement cette grande œuvre élémentaire, base de toute vie, l'attraction et la solidification par la terre et le feu des gaz de l'air et des molécules de l'eau, propres à la formation de l'organisme végétal et animal.

Plus ces deux organismes sont développés et plus ils saturent la terre, par la mort et la décomposition des êtres, de ces débris féconds dont se forme et s'entretient sa fertilité.

Par conséquent, à mesure que la végétation diminue, la vie organique s'efface et la fécondité de la terre décroît.

Sans nul doute, les déserts furent autrefois des contrées fertiles et peuplées comme le reste de la terre ; mais ils sont les premiers points du globe où s'est opérée , par des causes inconnues, la réaction désorganisatrice des éléments reprenant peu à peu leur rôle primitif dans la nature , par l'affaiblissement graduel et local de la chaine puissante dont les lia tous entre eux, pour l'accomplissement de l'œuvre de l'organisme , la main toute-puissante du Créateur.

La terre de ces déserts , graduellement dépouillée de ses seuls auxiliaires dans l'œuvre de la vie , les arbres et les plantes , a successivement et forcément restitué à l'air et à l'eau , qui les lui ont avidemment redemandés , tous les principes vivifiques qu'elle leur avait successivement aussi empruntés par le moyen de la végétation.

Toutes ses molécules fertiles et solides , peu à peu désorganisées par l'action dissolvante des éléments, sont retournées à la source d'où elles étaient venues , et la terre n'est plus aujourd'hui dans ces tristes lieux qu'une matière morte et sans consistance, presque entièrement privée de principes féconds.

La même stérilité s'étendra successivement sur toute la surface du globe terrestre, à mesure que, par une cause quelconque, l'œuvre de la végétation s'y affaiblira ou en disparaîtra pour toujours.

Ainsi l'accroissement du règne végétal sur la terre est la seule digue que l'homme puisse opposer à l'action désorganisatrice des éléments sur le sein de sa mère nourricière.

Tous les efforts des sociétés humaines doivent donc se porter vers le plus grand développement possible de l'œuvre de la végétation, dont la bienfaisante et féconde action donne seule à l'homme les moyens de modérer la dégénérescence graduelle de la vie organique sur la terre, et de retarder le plus possible l'époque fatale où cette vie doit en disparaître pour toujours par la rupture du lien puissant, mais insensiblement usé, qui réunit entre eux tous les éléments pour l'accomplissement de la grande œuvre de l'organisme.

Cette chaîne ne se rompra pas tout d'un coup, mais elle va et ira toujours en s'affaiblissant.

A mesure que par l'éloignement continu du feu vers le centre du globe et l'absorption de l'eau, conséquence obligée de cet éloignement, la chaleur et l'humidité diminueront sur la terre, la végétation y deviendra de moins en moins active et de plus en plus pauvre de principes vivifiques ; alors le règne animal s'effacera peu à peu en commençant par les plus gros animaux, qui, après avoir graduellement dégénéré avec les végétaux, disparaîtront successivement à mesure que la terre n'aura plus ni assez de chaleur ni assez de nourriture pour eux.

Quand le règne animal aura entièrement cessé d'exister sur le globe, les végétaux, privés de son puissant secours et ne trouvant plus dans la terre un auxiliaire suffisant, non seulement pour emprunter forcément à l'air leur nourriture, mais même pour résister à son action absorbante, dis-

paraîtront chacun à leur tour et graduellement suivant leur grandeur, leur force et
leur nature.

Tous ces êtres animés et végétants quitte-
ront le globe terrestre dans l'ordre inverse
de leur apparition à sa surface.

Ils étaient venus successivement avec la fertilité progressive de la terre; ils s'en iront de
même avec la décroissance de cette fertilité.

Et quand les plantes sobres vivant presque
exclusivement d'air et d'eau, et qui, par
cette raison, furent les premières dans l'ordre de la création et seront les dernières
dans celui de la destruction, quand, disons-
nous, ces plantes auront elles-mêmes cédé à
l'action désorganisatrice des éléments et seront retournées à l'air et à l'eau, récipients
éternels et primitifs de tous les principes organiques, la terre sera redevenue une masse
stérile et morte, un immense cadavre informe et froid dont les éléments déchaînés
tourmenteront en vain la surface inerte et
nue.

Puis par l'éloignement toujours croissant du feu central, par l'affaiblissement de la chaleur du soleil, par le défaut d'abris et l'envahissement progressif des glaces du nord, l'eau, se séparant de l'air, se congélera peu à peu à la surface du globe et l'enveloppera à jamais dans un épais manteau de glaces et de neige.

Mais cet astre éteint, malgré sa glaciale enveloppe, ne fera pas encore défaut à l'harmonie de l'univers; il aura toujours une mission à remplir dans la phalange éthérée, dont tous les soleils changent et s'éteignent graduellement comme lui.

La planète de la terre, composée des mêmes éléments diversement réunis, environnée d'eau et d'air glacés, mais ayant toujours dans le cœur du feu et de l'eau vaporisée, tournera comme une immense boule de neige dans son orbite annuelle, et, par la réverbération des rayons solaires sur sa croûte brillante, elle éclairera les nuits d'un autre monde comme la lune éclaire les nôtres, car la lune n'est elle-même qu'un astre éteint dont la vie a parcouru les mêmes phases et où se sont accomplis les mêmes phénomènes.

Enfin, par l'extinction totale des feux intérieurs et par l'entière condensation de l'eau que ne vaporisera plus leur chaleur, le vide s'opérera dans les entrailles du globe ; alors sa charpente osseuse, cédant à la force centripète, se brisera en s'affaissant sur elle-même, et ses immenses débris dispersés au loin dans l'espace, iront, nouveaux aérolithes, s'incorporer à d'autres mondes.

CONCLUSION AGRICOLE.

Les véritables richesses des sociétés humaines, leurs richesses utiles et fécondes, ce sont les matières organiques dont les matières métalliques sont la représentation par convention seulement ; car elles n'ont en elle-mêmes aucune valeur réelle, elles ne possèdent ni vertus, ni qualités utiles à l'homme.

Ces richesses fécondes, c'est-à-dire les hommes, les animaux, les grains, le vin, la laine, les huiles, etc., se forment par l'attraction, la combinaison, la solidification et l'organisation des principes vivifiques épars dans les éléments du monde.

Cette œuvre de vie s'opère dans le sein et à la surface de la terre, avec l'aide de la chaleur par l'intermédiaire de la végétation.

Les peuples peuvent donc accroître indéfiniment leur somme de ces richesses en les puisant sans relâche dans leurs intarissables réservoirs, les éléments, par le travail appliqué à la terre, c'est-à-dire par l'agriculture.

A cet accroissement de richesses sociales il n'est d'autres bornes que celles des forces de l'homme et de l'étendue du sol; car les éléments, sources inépuisables des principes organiques, peuvent suffire à la formation d'autant d'êtres animés que la surface du globe peut en porter et en nourrir.

Et même, par une admirable corrélation naturelle, à mesure que le nombre de ces êtres augmente, en même temps se retrécit le cercle de terre nécessaire à l'entretien de chacun d'eux ; puisque, ainsi que nous l'avons démontré, la fertilité de la terre s'accroît par sa population, et sa population par sa fertilité, au moyen d'un fécond enchaînement de causes et d'effets sans cesse agissant les uns sur les autres par l'intermédiaire de l'agriculture.

Ainsi, pour les sociétés humaines, l'amélioration de leur agriculture c'est non seulement l'augmentation de leur prospérité, de leur puissance et de leurs richesses, c'est plus que tout cela encore, c'est l'accroissement des sources de leur vie.

Est-il possible alors de comprendre l'indifférence, nous pourrions dire le dédain de notre beau pays pour *ce grand œuvre*, dont il semble la terre prédestinée.

Oui, la véritable alchimie, la vraie pierre philosophale des nations, c'est l'agriculture.

Il n'est sur la terre qu'une puissance réelle, c'est l'organisme intelligent et agissant : sans lui, tout le reste n'est rien.

Or, dans l'œuvre de la création et de l'entretien de cette puissance, une montagne d'or n'a pas même la valeur intrinsèque d'un morceau de pain.

Une des plus grandes aberrations de l'esprit humain, ce fut le pacte social qui fit de matières inorganiques entièrement inutiles à la vie de l'homme, la valeur représentative des matières et des substances qui sont indispensables ou nécessaires à son existence.

Cette funeste et bizarre fiction devint la source profonde des plus grandes misères humaines.

Mais arrêtons-nous, ce sujet nous entraînerait trop loin ; et d'ailleurs ces réflexions ont leur place marquée dans un autre ouvrage qui doit faire suite à celui-ci.

Enfin ces vérités éternelles et toutes puissantes commencent à se faire jour en France.

Le gouvernement entre, lentement il est

vrai, dans une voie plus favorable aux progrès agricoles.

Le ministre actuel de l'agriculture, M. Cunin-Gridaine, paraît avoir compris toute l'importance de son ministère et s'efforce de tirer le meilleur parti possible des faibles ressources que met annuellement à sa disposition l'indifférence des chambres législatives.

Espérons qu'enfin ces assemblées d'hommes éclairés et désireux du bien public reconnaîtront leur funeste erreur et que la subvention de l'agriculture cessera d'être inférieure à celle des théâtres de Paris.

Oui, tout l'annonce, le temps de l'ère agricole approche ; les hommes les plus distingués par leurs talents et par leurs fonctions sociales tiennent à honneur de s'asseoir au rang des paysans laboureurs.

S'il est vrai, comme nous venons de le dire, que la véritable puissance sur la terre c'est l'intelligence unie à l'action, l'agriculture de notre pays n'a rien à envier sous ce rapport à aucune branche de la richesse sociale, ainsi qu'on va le voir par une rapide appréciation de la somme d'intelligence appliquée à l'œuvre agricole en France.

On y compte maintenant 154 sociétés d'agriculture et 671 comices agricoles.

En supposant les premières, dans lesquelles on ne reçoit que des hommes éclairés et instruits dans leur art, composées chacune de 50 membres, cela donne un total de 7,700 agronomes-cultivateurs distingués par leur expérience et leur savoir.

Dans les comices l'admission est plus facile, cependant ils sont en général composés d'agriculteurs-pratiques aimant leur art et l'exerçant avec intelligence ; en supposant les comices composés, en terme moyen, de 80 membres, cela donne un total de 53,680 agriculteurs comprenant l'importance de leur profession et désirant les progrès de l'agriculture.

Ainsi, l'armée agricole militante pour le progrès se composerait en France d'au moins 53,680 cultivateurs pratiques, membres des comices, et de 7,700 agriculteurs théoriciens ou praticiens membres des sociétés d'agriculture.

A la tête de cette force imposante marchent, tout dévoués aux intérêts agricoles, des hommes éminents par leur savoir et par leur position sociale, des pairs de France, des députés, des écrivains habiles, de savants chimistes et des professeurs d'agriculture ou directeurs de fermes - modèles ou d'instituts agricoles tous distingués par leur zèle et par leurs talents.

La France compte déjà dix fermes-modèles-écoles d'agriculture, et dix colonies agricoles disséminées sur toute l'étendue de son territoire où de nombreux élèves puisent d'utiles enseignements.

Paris possède une société des progrès agricoles et un cercle agricole nombreux et composés des plus notables agronomes de la capitale et de la province, fondés par M. le chevalier D. de la Chauvinière, directeur du journal le *Cultivateur* et dont la vie entière a été si utilement consacrée aux progrès de notre art.

La presse ne fait pas non plus défaut à l'agriculture : un grand nombre de recueils périodiques spécialement consacrés à l'agriculture paraissent à Paris et dans les provinces ; enfin dans tous les départements des agronomes-cultivateurs instruits dans leur art donnent autour d'eux de sages et bons conseils et de salutaires exemples.

Voilà pour l'agriculture française bien des éléments de progrès et bien des garanties d'un avenir prospère.

Espérez donc, cultivateurs de la France, espérez de meilleurs jours et reprenez courage : *Le temps vinra.*

FIN.

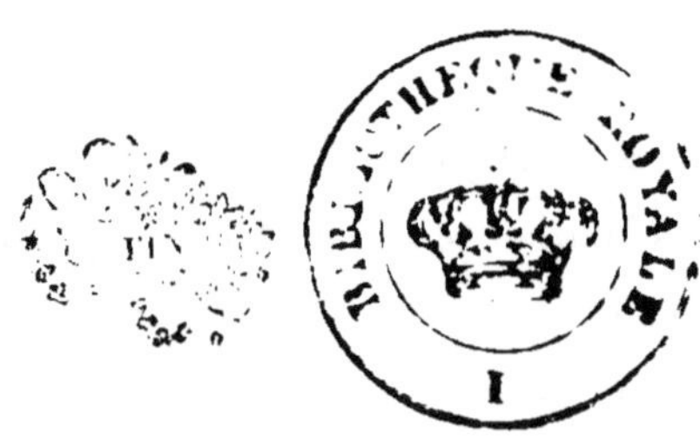

TABLE DES MATIÈRES

CONTENUES DANS CE VOLUME.

FIN DE LA TABLE.